データ分析の先生！

# 文系の私に超わかりやすく統計学を教えてください！

統計家 高橋 信
聞き手 郷 和貴

かんき出版

# はじめに

私はライターを生業とする「超」のつく文系人間である。

私の定義する文系人間とは「リベラルアーツが得意」とか、「感性が鋭い」といったオシャレな話ではなく、単に学生時代に数学をあきらめた人間のことだと思っている。もっと言えば、その挫折体験をこじらせて数学嫌いになってしまった大人のことだ。

一度アレルギー体質になってしまうと面倒くさい。数学臭が少しでもするものが目の前に現れるだけで、実はたいして難しいことではないのに反射的に思考をシャットダウンし､一目散に逃げるからだ。そして｢私は文系人間です」という謎のシールドに隠れ、断固拒否の態度を貫く……。

そんな私でさえ最近、気になっていたのが「統計学」。
ビッグデータ、データサイエンス、データドリブン経営など、最近のビジネス界隈ではなにかにつけて「データ」という言葉がつきまとう。そのときしばしば一緒に顔を出すヤツである。

統計学（Statistics）――――。

もし数学嫌い（別名、文系人間）を集めて「めちゃくちゃ便利そうだけどよくわからない学問ランキング」をつくったら、おそらくトップ3には入る学問だ（あとは量子力学と人工知能。筆者の想像調べ）。

書店のビジネス書コーナーで、視界に「統計学」という文字が飛び込んでくるたびに、「あ、またこいつか。たしかに統計学が理解できたら相当な武器になるんだろうな。でも俺は文系人間だ。バカなことを考えるんじゃない」と脳内で華麗にスルーするのがいつものパターン。そう、気にはなるのである。

そんな私はある日、編集者のＫさんから「おもしろい企画がある」と呼び出された。

超ド文系の人でも理解できる統計学の入門書をつくりたいんです。だって統計学ってなんか……**便利そうじゃないですか**。まあ、具体的に何がと言われても**説明できないんですけど**。オホホ。

ご想像のとおり、Ｋさんも超文系だ。

そんな文系ふたりで企画を練っても文殊の知恵は浮かばない。

そこで後日、本書の先生である高橋信さんを交え、打ち合わせをおこなった。ちなみに高橋先生は大ベストセラー『マンガでわかる統計学』シリーズ（オーム社）の原作者として有名な統計家・著述家である。

そのときのやり取りが私には衝撃的だったので（一部は本文とやや重複するが）紹介したい。

統計学の入門書って、数学嫌いからすると、ちっとも“入門”に見えませんよ。**門前払い感がハンパじゃない**んですけど……。

ああ、それは世の中の入門書は“大学で初めて学ぶ人向け”だからです。高校数学をマスターしている前提で話が進むので、**中・高で数学をあきらめた人が読みこなすのは不可能**でしょうね。

**そ、そんなに統計学って難しい!?**

統計学は数学嫌いの人を想定していませんよ。

つまり……数学の基本でつまずいている私たちが扱えるものではないと……。

わかりやすく言えば、**運動嫌いの人がプロレス道場の門を叩くみたいなもの**です。

グオっ！（赤面）　でも、『ビジネスに使える統計学をこれ1冊で学べる！』みたいな本もあったりするじゃないですか。だから今回の企画も、そんな感じのテイストで形にできないかと……。

**いやいや、1冊で学べるわけがないですよ（苦笑）**。学問を甘く見てはいけません。

（困ったな、話をどう進めよう……）……えーっと、とにかく、数学嫌いの人のために統計学を、わかりやすく、網羅的に説明していただけませんか？　この企画は上下巻になってもいいので（笑）。

わかりやすくという点はいいとして、統計学の世界ってみなさんのご想像よりはるかに広いので、網羅的にというのは10巻セットでも無理です。

そうですか……（涙）。

そんなに暗い顔をされなくてもいいですよ。たしかに統計学の知識のなかには、**数学嫌いであっても現代人の教養として知っておいたほうがいいこともある**んです。統計学は簡単ではない、ということもそのひとつなんですが（笑）。

じゃあ、ちょっと時間をいただいて、数学の苦手な人でも1冊を読み切れるような授業の構成を練っておきますね。

このように、「楽して統計学を学びたい！」という私たちのあざとい思惑はあっさり一蹴された形になったが、その授業は非常に刺激的で、有益で、目から鱗が何枚落ちたかわからない。

私が今回高橋先生から学んだことは、統計学のごく一部。
しかし、統計学がどういう学問で、どんな場面で役立てられているかという輪郭はつかめた。統計学の難しさとその限界もわかった。いまではExcelを使って重回帰分析もできる。

なかでも大きな収穫だったのは、データ社会を生きるためのサバイバル術を学んだことである。

たとえば、それまでの私は「数値化されたもの＝データ」で、「データ＝ファクト」だと思い込んでいたが、世の中には正しい統計処理がなされていない「調査もどき」が蔓延していることを知った。
また、論文のように素人目からすると「ファクトそのもの」にしか見えないものも、実はいい加減なものがあることを知った。

数学嫌いにとって統計学が雲の上にある学問であるという認識は変わらなかったが、その世界を少しだけでも垣間見ることで得られることはとてつもなく多い。
私と同じような文系人間のみなさん、本書を通じてその世界を見てみてください！

データに振り回されない人間になれた気がする
郷和貴

Contents

データ分析の先生!
文系の私に超わかりやすく
統計学を教えてください!

## 3日目 データの雰囲気をつかもう! 数量データ編

### データはまず、雰囲気をつかむべし!



2 時間目

### 「データの散らばり具合」を数値化してみよう

# 5日目 データを可視化する! 正規分布

# 6日目 実践！ 母集団の割合を推定してみよう

## 1時間目 標本のデータから母集団の割合を推定しよう！

7日目

# 実践！重回帰分析をやってみよう

# 統計的仮説検定ってなに!?



※四捨五入の都合上、読者が自分自身で計算した場合の値と本書に記載の値とが一致しない箇所がございます。あらかじめご了承ください。

※本書に記載のExcelでの解説は、Excel2019のバージョン2004で動作確認をしています。なお、Excelは米国Microsoft Corporationの、米国およびその他の国における登録商標または商標です。本書内では商標表示を省略しています。

※本書に出てくるデータのExcelファイルを下記URLよりダウンロードできます。Excelでの重回帰分析の体験などにご活用ください。
https://kanki-pub.co.jp/pages/bunkeitoukei/

装丁:小口翔平+三沢稜(tobufune)
本文デザイン:高橋明香(おかっぱ研究所)
DTP:茂呂田剛(エムアンドケイ)
　　畑山栄美子(エムアンドケイ)
イラスト:Meppelstatt

# 登場人物紹介

教える人

高橋信先生

統計学のエキスパート。なぜか中国で日本語教師を務めたこともあるという、ナゾの経歴を持つ。誰からも頼まれていないのに、そして誰にも見せる予定がないのに、学生時代に中高生向けの数学教材を制作していた。

教わる人

私（郷和貴）

物書きを生業としている生粋の文系人間

中学時代に数学につまずき、高校の微積分のテストで０点を取ったことで、理系の道を完全に断ってしまった。以来、数学の「す」の字も見ていない。数学アレルギーではあるけれど、最近流行り（？）の「統計学」は理解してみたい。

担当編集者

「統計学ってなんだか便利そう！　どう便利かはよくわかんないけど！」というあいまいな考えだけで私を巻き込んだ張本人。

# 1日目

# 統計学の世界へようこそ

LESSON 1 時間目

# 統計学ってどんな学問？

近年話題の「統計学」。文系人間からすると、数字だけでも苦手意識があるのに、統計学となるとさらにハードルが高いような……。ともかく、まずは統計学がどんな学問なのか？　からおさえていきましょう。

## ここ100年くらいで大きく発展した学問

高橋先生こんにちは。いや〜、統計学の先生という肩書きから、ものすごくカッチリした人をイメージしていたんですけど、今日もＴシャツ姿ですね。しかも、まさかのオニギリ柄（笑）。

新潟県出身ですからね。新潟の米はおいしいですよ（笑）。それはそうと郷さん、統計学の知識はどれくらいありますか？

ほぼゼロです（即答）。以前、血迷って統計学の入門書を買ったことがあるんですけど、**スパイの暗号にしか見えない式を見た瞬間に、速攻で閉じました。**

口に出して読めない文字や記号なんかが出てくると、その先を理解する気が萎えるんです。文系人間の習性と言いますか……。

ああ、ギリシャ文字とか行列とかインテグラルとかかな。理系じゃない人には辛いでしょうね。

ハードル高すぎですよ～（泣）。ちなみに統計学って昔からあるんですか？

私は歴史家じゃないので詳しい知識はありませんが、ここ100年くらいで大きく発展したようです。

へえ～。ところで先生、なんだか統計学が注目されている気が最近するんですけど、どうしてですか？

どうしてでしょうね。**おそらくビッグデータが騒がれていることと関係している**んだと思います。

企業や官公庁は、技術の進歩のおかげで、多種多様な大量のデータを集められるようになりました。それらを眠らせておくのはもったいないから活用しよう、そのためには統計学の知識が必要みたいだから勉強しよう、そんな感じではないでしょうか。

## 統計学が使われる場面って？

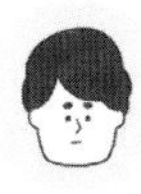

実際、統計学ってどんなところで使われているんですか？

身近な例を挙げると、世論調査です。たとえば内閣支持率。先月にくらべて何ポイント下がったとか、主要メディアが報道していますよね。あれです。

ああ、あれがそうですか。他には？

ビジネスでも統計学は利用されています。たとえばこのグラフはマーケティングリサーチの一例でして、「どの年代の人がどのSNSを最も利用しているか」を調査して、**「コレスポンデンス分析」**というものをおこなった結果です。

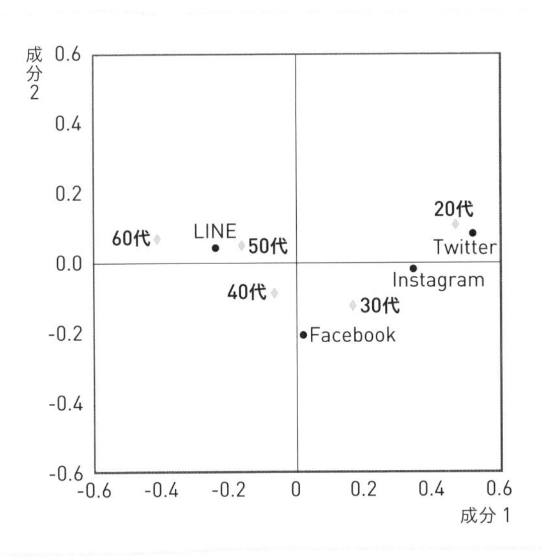

20代はTwitter、50代はLINEを最も利用しているってことですか？

そうです！

パッと見は戸惑いましたけど、よく見ると**超わかりやすいですね**。

そう、**超わかりやすいから、どこに広告を出すか企業が検討するときに役立ったりする**んです。「20 代なら Twitter が適しているな」とか。

ビジュアル化されていると説得力が違いますね〜。

## 医学や心理学でも利用される

マーケティングリサーチ以外の分野でも統計学は使われていますか？

もちろんです。たとえば医学。薬 A を飲んだ人と薬 B を飲んだ人のデータを比較して、どちらの薬が効くか判断する際に利用されたりします。
そういった目的のために使われる分析手法は、統計学の多くの入門書で扱われている、**「統計的仮説検定」**です。

トーケーテキカセツケンテー？？？

はい。たとえばドライアイに効くと思われる成分をある飲料メーカーが開発したとします。その成分を含有した飲料を被験者に 1 日 1 本、4 週間飲み続けてもらった結果がこのグラフです。

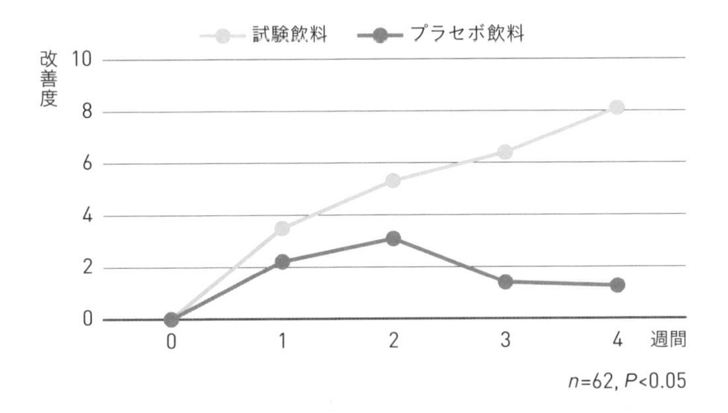

どう解釈していいかすらわからない（笑）。

ちっとも難しくないですよ。横軸は経過時間で、縦軸が改善度。折れ線が上にあるほど効果が見られたということです。

試験飲料とプラセボ飲料の比較とありますが、プラセボ飲料というのは、ドライアイに効くと思われる成分が含まれていない以外は試験飲料と全く同じ、ダミーのこと。プラセボ飲料と試験飲料のどちらを飲んでいるかは被験者に知らされていません。

ダミーなのに、ドライアイがちょっと改善してるし（笑）。

こういうのを「プラセボ効果」って言うんです。で、グラフの欄外に**「$P < 0.05$」**と書いてあるのが統計的仮説検定による分析結果で、平たく言うと、**「統計学的に意味のある差が認められた」**という意味です。

へぇ〜。ところで単純な好奇心なんですが、お医者さんって全員、統計学をマスターしているんですか？

学生時代に基礎くらいは教わるはずです。みなさん聡明ですから理解しているでしょう。
ただし医学生全員が高度な内容まで学ぶ体制にはなっていないでしょうから、論文執筆などの都合で分析の必要が卒業後に生じた場合は、代行する会社に委ねるケースもあるはずです。

そういう生々しい話、大好きです。

さて次は、心理学を取り上げます。心理学では、因果関係の模索と検証のために統計学が利用されたりします。

図を見てください。心理学からちょっと離れちゃう例かもしれませんが、病院の総合満足度についてのものです。矢印は因果関係を意味しています。矢印の根元が原因で、先端が結果です。

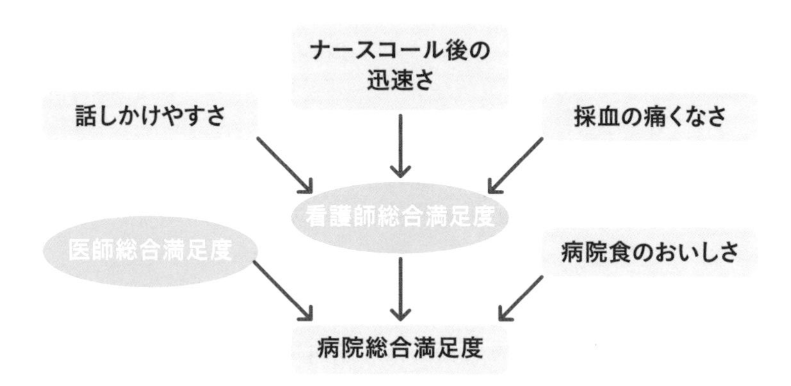

四角と楕円に描き分けているのはどうしてですか？

四角で囲ってあるものは、アンケートなどのデータを意味しています。たとえば「話しかけやすさ」は、患者さんに「この病院の看護師への話しかけやすさを5段階で評価してください」みたいな質問をして、その回答がExcelに入力されているものだと思ってください。

では楕円のほうは？

分析者が「これがあると仮定すれば、因果関係をうまく説明できるのに」と考えた、**想像上の変数**です。

想像上の変数？　そんなのを組み込んで分析できるんですか？

できるんです。で、この図の因果関係は、あくまで私の仮説です。**私の仮説が真実と合致していると見做（みな）せるかどうか、その検証が統計学ではできます。**

すごい！

**「構造方程式モデリング」**という分析手法が使われます。ちなみに数学的な難易度は、かなり高めです。

実は私、文学部の出身でして、心理学をかじったはずなんですけど、構造なんとかなんて初耳です（苦笑）。

## ➪統計学はやさしくない！

統計学がいろんなところで使われているのはわかりましたけど、みなさん、いつ教わっているんですか？

分野次第です。たとえば大学の理系学部であれば、程度はともかく、だいたい教わるのではないでしょうか。
文系学部であっても、たとえば心理学系だと、文系というくくりで語っては申し訳ないくらい、とんでもなく難解な分析手法を学んだりするんです。

へえー。

でも、数学的な観点から文系学部は当然としても、理系学部でも、統計学の勉強の途中で脱落する学生は少なくない印象があります。

えっ、理系でも？　どうしてですか？

何の役に立つかがわからないからです。

統計学は、「薬Ａより薬Ｂのほうが効きますよ」「その広告を新聞に載せるなら国際面が最良ですよ」といった具合に、**真剣に他者を説得する場面で使われる**ことが少なくありません。そういう場面は、プレゼンでもコンペでも予算の折衝でもなんでもいいんですが、とにかく、働いている人にはたくさんある。

しかし学生には、しかもデータを使ってまでして真剣に他者を説得しなければならない場面は、そうあるものではない。だから勉強していても、現実感に乏しいから、頭に入ってこないんです。

たしかに、真剣に説得する場面なんて、私が学生だったときにもなかったかも……。

学生たちは「こんなものを勉強して何の役に立つのだろう？」と訳もわからず講義を受け、統計学に苦手意識をもったまま就職する。
すると偉い人から「これからはデータの時代だ。お前は学校で統計学を勉強したんだから分析なんて簡単だろ？」とか言われて本当に任される。でもさっぱりわからないから、途方にくれる……。

「それ、私のことだ」って思っている読者、いるかもしれませんね。

そうですね。

うーん、どう表現したらいいのか……。いまのところの私の学びは、「統計学はハードルが高そう」ということです（涙）。

脅かすつもりはありませんが、ある程度の険しさは覚悟しておいたほうがいいでしょう。

（やっぱりそうなんだ……）じゃあ、統計学を勉強するにあたって、どれくらいのレベルの数学的な知識が必要なんでしょうか？　やっぱり大学レベル？

**高校の理系数学がひとつの目安です。**これをマスターしておけば、いろいろな分析手法を学んでいく土台としては十分。だいたい対応できるし、もしつまずいても「この概念ってようするにこういうことかな？」という想像くらいはつく。

でも、中学数学が怪しかったり、もしくは高校の文系数学レベルだったりすると、**どうしても統計学の入り口に立つくらい**しかできません。

**げげ……。**この本は私みたいな文系人間向けのものなんですけど、私でも統計学の基礎の基礎くらいは理解できるようになれますか……？

**大丈夫です。安心してください！**

ただ、あえてはっきりお伝えしておくと、中高でつまずいて社会人になったあとも数学から距離を置いてきたような人が、いまから統計学をゼロから学んで、さまざまな分析手法を駆使してデータを料理できるようになったり、短期間のうちにビッグデータを扱えるようになったりするのは……、**無理です。**

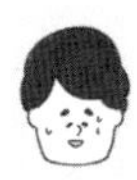

**無理！**　いま、バッサリ切り捨てられましたけど……。

考えてもみてください。たとえば郷さんの四十路過ぎの親友が、『中学英語を学び直す本』を携えつつ、「いまから勉強して通訳者を目指そうと思うんだ！」なんて語りだしたらどう返しますか？

「夢が叶うといいね」と言いたいところですけど、相手が親友だからこそ、**「そんなの無理だよ。目を覚ませ！」**とハッキリ助言すると思います。

人生は長いですから、一念発起して中学数学からやり直して、10年くらいかけて統計学をコツコツ勉強していくというのであれば話は別ですよ。
でも実際にそれが可能かというと、うーん、どうでしょうねえ。

そこまで言われてしまうと……。わかりました。短い間でしたが、お世話になりました。**さようなら。**

いやいや、早まらないで（焦）。
私からすると、本屋に置いてある、「これを読めば初心者でも統計学を楽々マスターできます！　仕事でバリバリ使えます！」と宣伝しているような本のほうが不誠実だと思います。

統計学の入門者が最初に知らないといけないのは、**「統計学は数学的にやさしくない学問である」**という事実です。

## ➪データリテラシーを高めよう！

統計学の難易度が高いとなると、先生の授業のゴールは何ですか？

ずばり、**郷さんの「データに対するリテラシー」を上げることです。**

リテラシー？

はい。データリテラシーがないと、どうしても振り回されてしまうんですよ。

どういうことでしょうか？

たとえば調査会社が公表したアンケート結果や研究者が書いた論文を見たときに、**「そうか、これが真実か！」って額面通りに受け取ってしまう**んです。

えっ、**受け取っちゃダメなんですか？**

ひとつ例を挙げましょうか。先ほど内閣支持率の話をしましたけど、**実は主要メディアが報道している内閣支持率の値って、嘘なんです。**

**え⁉**

たとえばNHKの調査による2020年7月分の内閣支持率は、36％です。でも私は、**この値が嘘だと断言できます。**なぜだかわかりますか？

調査の仕方に問題があるとか……？

そういう難しい次元の話ではありません。なぜ嘘だと断言できるかというと、NHKは、**支持するかどうかを私に聞いていないからです。**私だって有権者なのに。

そう言われると、私も聞かれていません。ていうか、人生で一度も聞かれたことがないです。

郷さんもそうでしたか。ともあれ、NHKによる36％という値は、嘘です。**じゃあデタラメかと言えば、決してそ**

んなことはありません。

統計学では、**調査対象者全員からなる集団のことを「母集団」**と言います。内閣支持率の例で言うと、日本の有権者全員です。もしNHKが真の内閣支持率を本気で知りたいなら、日本の有権者全員に聞かないとダメです。

でも有権者全員に毎月コンタクトをとって「いまの内閣を支持しますか？」とたずねるのは、現実的に厳しいんじゃないですか？

そうです。そこでNHKはどうしているかというと、母集団から何人かを選び出してきて、その人たちに聞いているんです。
この、**選び出された人々からなる集団のことを、「標本」**と言います。ちなみに統計学では、**選び出すことを「選出」ではなく「抽出」**と言います。

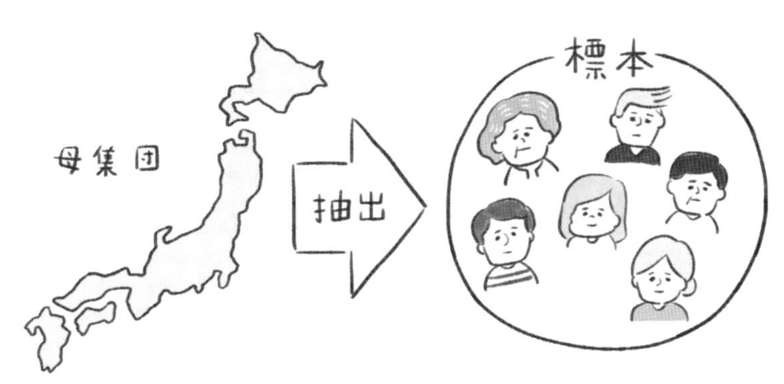

わかりました。

で、**統計学では、「母集団から偏りなく抽出された標本における内閣支持率が▲％なのだから、母集団の内閣支持率もだいたいそんなものだろう」と推測する**んです。

話をまとめると、統計学がどういう学問かと言えば、**標本のデータから母集団の状況を推測する学問**です。

「母集団もだいたいそんなものだろう」っていうあたりが楽観的すぎて、モヤモヤします……。

郷さんがモヤモヤする気持ちは理解できます。「標本における内閣支持率が▲%なのだから、母集団の内閣支持率もだいたいそんなものだろう」という推測が成立するためには、**母集団から標本が偏りなく抽出されていることが大前提**です。

それってつまり、「標本の全員が80歳以上のおじいさんおばあさん」とか「標本の全員が年収2000万円以上のエリート」なのはマズいってことですね。

日本の有権者の標本……??

そのとおり。母集団から標本を偏りなく抽出するにはどうしたらいいか、それは2日目の授業で詳しく説明します。

## ⇨統計学には2つの種類がある

**標本のデータから母集団の状況を推測するのが統計学**かあ。

実は統計学には2つの種類があります。**「推測統計学」**と**「記述統計学」**です。先ほど説明したのは推測統計学のほうです。

では、記述統計学っていうのは？

推測するという発想のない統計学のことです。もっと丁寧に言うと、**データを整理することで集団の状況をできるだけ簡潔に表現するのが目的である統計学**のことです。

ようするに……？

全人口に占める30歳未満人口の割合を計算したりとか、学校の先生がクラスの平均点を計算したりとかです。

なるほど！　たしかに推測を目指しているわけじゃないですね。

## 新興勢力「ベイズ統計学」とは?

「ベイズ統計学」って聞いたことあります？

いいえ、なんのことやらさっぱり。

参考程度に、少しだけ説明しておきますね。

私の授業で説明する統計学は、一般的なものです。普通の統計学と言ってもいいでしょう。それと対をなすのがベイズ統計学です。

対をなすって、どういうことですか？

右手と左手とか、関東と関西とか、セ・リーグとパ・リーグみたいな関係です。どちらのほうが偉いとかすごいとか、そういうものではありません。

学校で習うのはどっちですか？

高校までは、一般的なほうです。大学でも原則はそちらですが、分野によっては話が違ってきます。経済学や心理学や機械学習といったあたりでは、ベイズ統計学を教わる機会もあるはずです。

一般的な統計学とベイズ統計学って、何が違うんですか？

**確率に対する考え方が違う**んです。

確率？？？

はい。そこを理解してもらうために問題を２つ用意しました。考えてみてください。まず１問目です。

**問題１　ゆがみのない精巧な造りのサイコロを振った際に、１の目が出る確率は？**

もしかして先生、私のこと、ちょっとバカにしてます？

答えは$\frac{1}{6}$でいいんですよね。

大正解！　それでは２問目を。

**問題２　近所にオープンした、あのラーメン屋が１年後までもちこたえる確率は？**

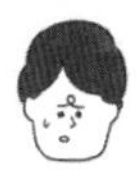

え？？？　わかるわけないじゃないですか。

答えようがないですよね。サイコロなら何回でも振れますが、ラーメン屋は開業と廃業を繰り返せませんしね。

そりゃそうですよ。

でも私たちは、普段の生活で問題２のような場面に遭遇したとき、平気で答えを出しています。

たとえば「これまでコンビニや100円均一ショップだったりもしたけど、あのビルの１階に入った店は、１年どころか半年も経たずに潰れている。だからあのラーメン屋もそうなるに違いない」みたいに。

ということは、**そのように考えた人にとって、問題２の答えは「0」**なわけです。

ふんふん。

一方でこう考えた人もいるでしょう。

「昨日あのラーメン屋で食べたけど、結構おいしかったし、いまでも行列ができていたりするから、１年はもつだろう」。

**この人にとっては、問題２の答えは「1」**なんですね。

じゃあ、「もつといえばもつし、もたないといえばもたないし」という煮え切らない人にとっては、問題２の答えは「だいたい$\frac{1}{2}$」ですか？

そうです。

で、そういった**「個人的な信念の度合い」**を確率だと解釈する**のが、ベイズ統計学**です。

個人的な信念の度合いっていう「主観」を確率にしちゃうんだ。**斬新！**

LESSON 2 時間目

# 統計学には いろいろな 分析手法がある

統計学の分析手法には、先ほど先生が紹介してくれたものだけでなく、さまざまな種類があるようです。1つひとつおさえていきましょう。

## ⇨代表的な分析手法①　重回帰分析

分析手法がいろいろあるという話ですけど、たとえばどんなものがありますか？

代表的なものを、ごく簡単にですが、3つ紹介します。

- 重回帰分析
- ロジスティック回帰分析
- 主成分分析

どれも、名前すら聞いたことがありません……。

まずは**「重回帰分析」**です。
これが使われるのは、牛丼チェーンやスーパーなどが、「店舗の

面積」と「最寄り駅からの距離」と「商圏人口」から「1カ月の売上高」を予測するような場合です。

重回帰分析をおこなうと、このような式が導き出されます。

$$y = 2.2x_1 - 5.4x_2 + 48.1x_3 + 305.2$$

↑ 1カ月の売上高　↑ 店舗の面積　↑ 最寄り駅からの距離　↑ 商圏人口

うわっ！

落ち着いて。そこまで難しいことは書いてありませんよ。この式の $x_1$ と $x_2$ と $x_3$ にいろいろな値を代入して、「1カ月の売上高」である $y$ を予測するわけです。

この式はどこから導き出されたんですか？

既存店舗のデータからです。

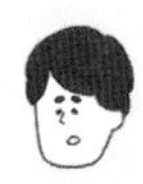

へぇ〜。

重回帰分析は、授業最終日にあらためて詳しく説明します。

私でも理解できますか……？

もちろんです。わかりやすく説明するので大丈夫です。

もし理解できなかったら、**最終日の内容はこの本からカットします（笑）。**

## ⇨代表的な分析手法②　ロジスティック回帰分析

次は、**「ロジスティック回帰分析」**というものです。

ロジスティック……物流？

そういう意味じゃありません（笑）。
これは、**確率を予測するための分析手法**です。

なんの確率ですか？

広告をクリックしてくれる確率とか、なにかの病気である確率とか、法案に賛成する確率とか。
たとえば「年齢」「性別」「職業」のデータからロジスティック回帰分析で式を導き出せば、この人やその人やあの人がクリックしてくれる確率を予測できます。

**「山田さんがクリックする確率は79％だ！」**みたいな？

そうです。ただし求められる確率は、79%でなく 0.79 というように、小数です。

ちなみにロジスティック回帰分析で導き出される式は文系の人にはちょっと刺激的かなと思うんですが……見ます？

もちろん！

じゃあ……（チラ）。

$$y=\frac{1}{1+e^{-(a_1x_1+a_2x_2+\cdots+a_px_p+b)}}$$

やっぱりいいです（笑）。
というか、なんですか e って。しかもこれ、マイナス乗ってこと？

e は**「ネイピア数」**というもので、2.7182…と永遠に続く数字です。

円周率のπみたいな感じですか？

そうです。ちなみにネイピア数という名前は、16 〜 17 世紀を生きた、ジョン・ネイピアさんに由来します。

## ➪代表的な分析手法③　主成分分析

次に行きましょう。**「主成分分析」**です。
これも分析手法としてはかなりメジャーなもので、**「総合なんちゃら力」という変数を編み出すため**に使われます。

編み出す？　いまいちピンとこないんですが……。

たとえば、国数理社英の5教科から「総合学力」という変数を編み出す必要があるとしましょう。郷さんならどうします？

各教科が100点満点なら、単純に、5教科の合計点を「総合学力」って判断すればいいんじゃないですか？

なるほど。ここでExcelをイメージしてください。1列目には生徒の名前が入力してあり、2列目から6列目にかけて、各生徒の5教科の点数が入力してあります。この時点では、郷さんの考えた「総合学力」の列は存在しませんね。

| | 国語 | 数学 | 理科 | 社会 | 英語 |
|---|---|---|---|---|---|
| 生徒1 | 64 | 67 | 69 | 46 | 85 |
| 生徒2 | 96 | 52 | 59 | 100 | 93 |
| 生徒3 | 87 | 54 | 85 | 77 | 62 |
| 生徒4 | 78 | 78 | 96 | 63 | 88 |
| 生徒5 | 90 | 53 | 98 | 54 | 51 |
| 生徒6 | 83 | 95 | 98 | 68 | 53 |
| 生徒7 | 84 | 99 | 90 | 70 | 79 |
| 生徒8 | 96 | 83 | 100 | 87 | 76 |
| 生徒9 | 77 | 76 | 68 | 82 | 54 |
| 生徒10 | 76 | 95 | 81 | 73 | 94 |

はい。

さて、郷さんの考えた「総合学力」の列を新たに設けて、そこに各生徒の5教科の合計点を入力したとします。

それってつまり、「総合学力」という新たな変数とデータを編み出したってことですよね。

編み出した!

| 国語 | 数学 | 理科 | 社会 | 英語 | 総合学力 |
|---|---|---|---|---|---|
| | | | | | |

なるほど、それが「編み出す」っていう意味ですね。

そうです。ただし「総合学力」を主成分分析で編み出す場合は、5教科の合計点ではなく、主成分分析特有の計算がなされます。

ふーん。主成分分析って、他にどういう場面で使われるんですか？

そうですねえ、「観客動員数」や「Twitterのリツイート数」などから「2019年公開の映画の総合人気度」を編み出すなんてどうですか。

おもしろそうですね、それ。

というわけで、以上が、統計学の代表的な分析手法の紹介でした。

LESSON 3 時間目

# 「ビッグデータ幻想」に惑わされるな！

AI 時代、ビッグデータが人々の生活をよりよくしていってくれる。漠然とそう思っている人は多いのではないでしょうか。でも先生によると、そんなに話は単純ではないようで……？

## ビッグデータがあれば何でも解決……？

いまはビッグデータの時代ですけど、データ量が爆発的に増えたのだから、それに比例して、有益な分析結果も飛躍的に増えていくんでしょうね。

そういった誤解をしている人が多いんですけど、違います。
多くの人が抱いているであろう**「データがいっぱいあればなにかいいことがあるはずだ」という考えは、幻想です。**

たとえば**醤油４千万本と砂糖６億袋があったところで、おいしいものは作れません。**少なくともカレーは絶対に作れない。

じゃあどうやったらカレーを作れるかといえば、カレーを作ろうと決定し、それに見合った食材を集め、それらを料理するのです。

たしかに、醤油と砂糖がいくらあっても、カレーはできませんね。
ようするに、**おびただしい量のデータがあっても、分析の目的に合ってなければ役に立たない**と。

そうです。ちなみに私はデータ分析の会社に勤めていた過去があるのですが、在職時からうすうす気になっていたんですよ。

というと？

分析を委ねる方は、おそらくご自身では分析ができないからそうするわけです。
それはそれでいいとして、私が気になっていたのは、「高橋の勤務先をはじめとするデータ分析の会社は恐るべき知的集団で、そこにお金とデータを渡せば奇跡のような分析結果が返ってくる」と思い込んでいる人が決して少なくなさそうだという点です。

しかも「あんたコックでしょ。金は払うからさ、このニンジン１万本で何かおいしいもの作ってよ」と言わんばかりの依頼まであったりして……。

世間のデータリテラシーは低め？

残念ながら、高いとは言えないようです。

## ➪データドリブン経営の難しさ

大手企業とかって、難しい分析手法を自ら駆使して戦略を立てているんですか？

たとえば大手電機メーカーの研究所であれば、統計学の知識におそろしく秀でた人もたくさんいるでしょう。
データサイエンティストやデータアナリストなどと呼ばれるような人たちも、有名大学の理系学部出身でしょうから、統計学の知識はバッチリあるはずです。

でも、大手企業であっても、たとえばマーケティングリサーチなどの部署はどうなんでしょうか。
仮に数学に苦手意識のある社員が配属されたとして、数年したら配置換えになるかもしれないのに、わざわざ統計学の勉強を始めるかといったら、なかなかねえ……。

怪しい感じがすると？

もう 15 年くらい前の話ですが、有名企業のそういう部署に呼ばれて、セミナーの講師を務めたことがあるんです。
受講者は、なんと全員が中国人。中国人を相手に日本語で統計学の話をするという、貴重な体験でした。質の良さそうな、お洒落なスーツと眼鏡を身に着けた男性がいたなあ。

それはともかく、私のような人間を呼んで話を聞くくらいですから、統計学の知識をそれほど有していなかったと判断するのが自然です。

たしかに。じゃあ実際、**統計学を知らない担当者がどうやって、分析を依頼したり納品物を検品したりするんですか？**

直接の回答ではありませんが、昔話を思い出しました。聞いてください。

どうぞどうぞ。

ある大手企業がある会社に分析を依頼して、その会社が私の勤める会社にさらに依頼するということがありました。

分析が元請けから下請けに丸投げされたんですね。

そうです。私が分析してその結果を元請けの担当者に説明したのですが、わかってもらえない。
しまいにはその担当者から**「ウチの社員ということにして先方のところまで一緒に行って、お前が報告してくれ」と懇願されましてね。**働き始めてから日の浅いころだったので、返事に困りました。

それでどうしたんですか？

上司に相談したら、「それはダメ」と言われました。いまから考えると当たり前ですが。

結局どうなったんですか？

元請けの担当者に「分析結果のここの部分をこのように先方に説明すれば大丈夫です」という振り付けをして、報告には同席しませんでした。

その担当者は、報告中、気が気じゃなかったでしょうね。

そうでしょうね。
ただし、彼の心の中はともかく、依頼主はそれなりに満足した可能性があります。

どういうことですか？？

私の同席を希望した元請けの担当者は、**本当は自分で自分が何を言っているのかわからないけれど**、私の振り付けどおりに報告する。
それを聞いた先方の担当者は、あるいはその上司も、**統計学**

の知識に乏しいので何を言われているのかあまり理解できないけれど、「いい結果だと依頼先が言っているのだからそうなんだろう」「じゃあこの結果に基づいて我が社の今後を考えていこう」と判断する。
私の経験からすると、十分にありうる話です。

## そ、そんなんでいいんですか!?

少なくとも短期的には、大惨事には至りません。むしろ、依頼主は分析結果を肯定的に受け入れたわけだし、元請けの会社にはお金が振り込まれるしで、どちらもハッピーじゃないですか。

データを実際に分析した私は、「世の中これでいいのだろうか？」と釈然としませんけど……。

そういう状況って日本特有のものなんですか？

いやーどうでしょう。でも、そうかもしれないなと想像してみるのは無駄ではないと思います。グローバルグローバルってやたらと言われている昨今ですし。

## ⇨この本でデータリテラシーを高めよう！

統計学をマスターするまでの道のりは長いですけど、**データリテラシーを向上させるためのそれなら、決して長くはありません**。

私の授業で郷さんに学んでほしいことは、次の通りです。

1日目　【リテラシー向上のため】
統計学の概要を知る　←今日の授業！

2日目　【リテラシー向上のため】
無作為抽出の重要性を知る

3日目　【基礎知識として】
データの雰囲気をつかむ　前編

4日目　【基礎知識として】
データの雰囲気をつかむ　後編

5日目　【基礎知識として】
正規分布を知る

6日目　【実用スキルとして】
母集団の割合を推定する

7日目　【実用スキルとして】
重回帰分析で未来の予測をする

結構ありますね（汗）。

内容としては２日目が独立していて、**この日の話題だけでも、物事に対する見方がかなり変わると思います。**

極論すれば、統計学の雰囲気がだいたいわかればいいという人にとっては、今回と次回の授業だけで十分かもしれません。

でも私としては、せっかくの機会ですから、実用的な分析手法も紹介したい。そこで選んだのが、6日目の「母集団の割合の推定」と7日目の「重回帰分析」です。それらの理解のための授業が、3日目から5日目までです。

3日目と4日目の、「データの雰囲気をつかむ」ってどういう意味ですか？

料理で言えば、野菜の皮をむいたり肉を切ったりといった、下ごしらえのことです。データを扱うにあたって避けて通れない知識をここで頭に入れてもらいます。

わかりました。じゃあ5日目の「正規分布」って何ですか？

ひと言で表現するのが現時点では難しいので、授業当日を楽しみにしていてください。

は〜い。

これら7日間の知識だけでも、これからの仕事や生活に必ず役立ちます。

**暫し、統計学の世界にどっぷり浸かってみましょう。**

**よろしくお願いします！**

## 1日目の授業でわかったこと

- 調査対象者全員からなる集団を「母集団」と言う。
- 母集団から選び出された人々からなる集団を「標本」と言う。選び出すことを「抽出」と言う。
- 統計学は、「推測統計学」と「記述統計学」の２つに分けられる。
- 「推測統計学」は、標本のデータから母集団の状況を推測する学問である。
- 「記述統計学」は、データを整理することで集団の状況をできるだけ簡潔に表現するのが目的の学問である。
- おびただしい量のデータがあっても、分析の目的に合ってなければ役に立たない。
- データリテラシーを向上させるための道のりは、決して長くはない。

# 2日目

#「調査もどき」に振り回されない！無作為抽出法

# 調査の信用性は「無作為抽出法」で決まる！

データリテラシー向上の第一歩となるのが、「無作為抽出法」を理解すること。身の回りにある調査結果が本当に信じられるものなのかどうか、見極められるようになりましょう！

## “調査もどき”にだまされるな！

今日は何をやるんでしたっけ？

データリテラシーの向上にあたって非常に重要な、**「無作為抽出法」**を説明します。

さっそくですが、こちらのサイトを見てください。

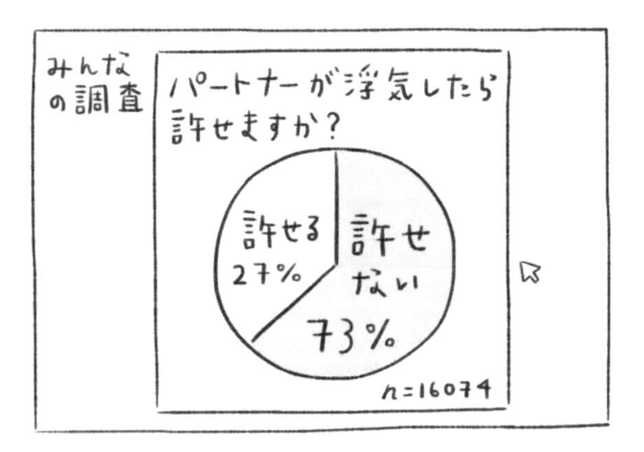

ん？　インターネット投票の結果ですね。

これを見て、どう思いますか？

**世の中の人たちってそういうふうに考えているんだなあ**、って感じですかね。

なるほど。**これ、私に言わせると、ただのゴミです。**こんないい加減な"調査もどき"を垂れ流しているのが信じられません！

怒ってますねー、いいですねー。
で、どこがいい加減なんですか？

この"調査もどき"に回答した人々は、**母集団から無作為に抽出されたわけではありません。そもそも母集団の定義が不明です。**

たしかに……。ネットで投票を受け付けているのをたまたま知って回答した人のデータを集計しただけですよね。
でも回答者が1万6000人もいるし、信憑性は高いんじゃないですか？

**1万6000人と聞くと多そうに感じるかもしれませんが、日本の全人口の0.01%にすぎません。**
0.01%って、仮に日本の全人口が1万人だとするなら、そのうちの1人だけが回答したってことですよ。

そんなに激レアな存在なんですか！

こういう企画の担当者は、「ネット上で投票を受け付けるなんて今風のメディアっぽいし、ページビューも稼げて最高だぜ」くらいのノリなのかもしれません。でも統計学の知識のない人がこの結果を見たら、どう思うでしょうか。

さっきの私みたいに、1万6000人っていう回答者数と円グラフを見せられたら、「真実」だと誤解しちゃいますよ。

でしょう。こんな“調査もどき”を公表するなんて、良識を欠いた、とんでもない行為です！

だまされないように気をつけないといけませんね。

ああそうだ、本題である無作為抽出法から脱線しちゃうんですけど、“調査もどき”つながりで、学術論文についてもひと言。論文には気をつけてください。研究者自身は真摯に取り組んでいるつもりでも第三者から見て非常に不可思議というものがあります。

でも論文って、私みたいな素人からすると、すごく科学的で信用できるように見えるんですが……。標本が偏っているとか？

それもありえますが、私が指摘したいのは別の問題です。
たとえば郷さん、昨日は朝、昼、晩と、何をどのくらい食べましたか？

えっ、昨日の食事ですか？　えーと、朝はたしかトースト１枚とヨーグルト１個で、昼は……そばだったかな。晩ごはんは魚

の煮つけと、白ごはん１杯と、あとなんだっけ……。あれ、昼がそばだったのはおとといだっけ？？？（汗）

そうなりますよね。そんな感じで、たとえば高齢者の健康についての研究者が、被験者に「昨日は何を食べましたか？」と聞いた結果をExcelに入力しているとしたらどう思いますか。

私でもこうですから、かなり怪しげなデータだらけになるんじゃ……。

研究者が被験者を四六時中モニタリングして、食べたものを記録するなら話は別ですよ。でも対面や電話で、「昨日は何を食べましたか？」「白いごはん食べたよ」「何杯食べましたか？」「小さいお茶碗で２杯……あれ？　３杯だったかなぁ」といったデータが何百人分も蓄積されたとしてもね。

「小さいお茶碗」が具体的にどれくらいの大きさなのかもよくわかりませんし、そもそも正直かつ正確に回答しなければならない義理はない。

データの量はたくさんあっても質が信用できないかもってことですね。

もちろん大手製薬会社が新薬開発時にとるようなデータは、不適切だと会社が潰れかねないですから、ちゃんとしているはずです。私が言いたいのは、**論文というか研究の結果が主要メディアで紹介されていたとしても、ひとまずは疑ってかかったほうがいい**ということです。

## ⇨信用される調査を目指すなら「無作為抽出法」を！

さて、今日ぜひとも理解していただきたいのが、推測統計学の根幹をなす、**「無作為抽出法」**の重要性です。

たとえば内閣支持率の調査対象者は、80 歳以上のおじいさんおばあさんだけでも意味がないし、年収 2000 万円以上のエリートだけでも意味がない。母集団である日本の有権者全員の状況を適切に推測するためには、**標本は母集団の精巧なミニチュアになっている必要があります。**

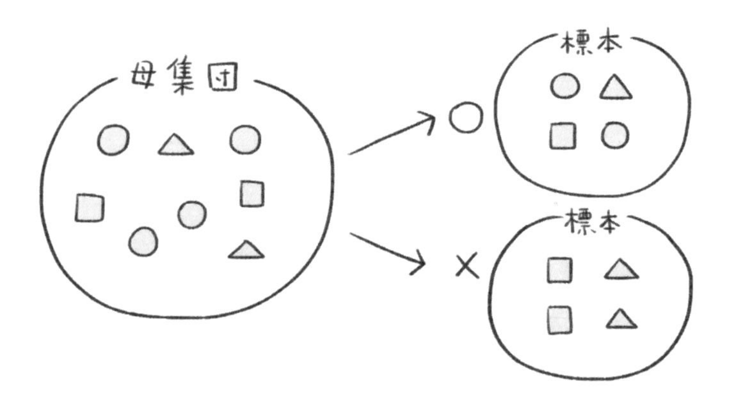

たしかにそうですね。

そこで出てくるのが、**母集団に属する人々が等しい確率で選ばれることを目指した方法**である、無作為抽出法なんです。

「法」というくらいだから、メソッドが確立されているんですか？

はい。ただし無作為抽出法はそれらの「総称」でして、「なんとか法」というのがいっぱいあります。

たとえば？

**「層別２段抽出法」**は知っていますか？　**「層化２段抽出法」**とも言います。内閣府の「国民生活に関する世論調査」などで使われています。

字面はなんとなく見たことがあるかもしれないです。

今日は、無作為抽出法のうち、以下の４つを紹介します。

- **単純無作為抽出法**
- **層別抽出法**
- **２段抽出法**
- **層別２段抽出法**

読者のみなさんが無作為抽出法を実行する機会はないかもしれませんが、「こういうことを真剣に考えている世界があるんだ」「ちゃんとした調査って裏ではこんなことをしているんだ」ということはぜひ知っておいていただきたいんです。

わかりました。

高橋先生の数字の見方

## 円グラフは控えめに……

データの集計結果を視覚化するにあたって、なぜか円グラフで表現される場合が少なくないようです。

下図は、あるファミリーレストランによるアンケートの結果です。このように質問の選択肢が「3つ以上かつ順序性のある」場合なら、円グラフによる表現は適切です。なぜなら累積した値を把握しやすいからです（円グラフの代わりに横帯グラフでも可）。

**質問．当店の生姜焼き定食は、おいしいですか？（単数回答）**

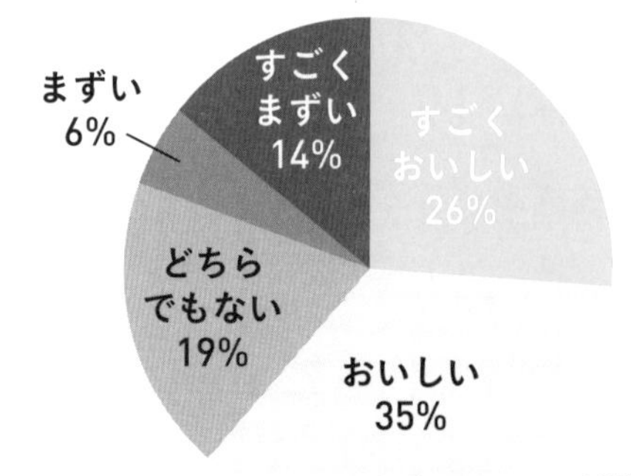


一方、質問の選択肢が「3つ以上かつ順序性のない」場合に適切なのは、円グラフでなく、横棒グラフです。理由は2つ。1つは、累積した値の算出にあまり意味がないから。つまり「そうか、生姜焼きと鯖の味噌煮で5割弱か」といった発想をする意味があまりないからです。もう1つは、各選択肢の割合の序列を瞬時に把握できるからです。

円グラフによる表現が適切なのは、質問の選択肢が「3つ以上かつ順序性のある」場合か、質問の選択肢が2つの場合です。

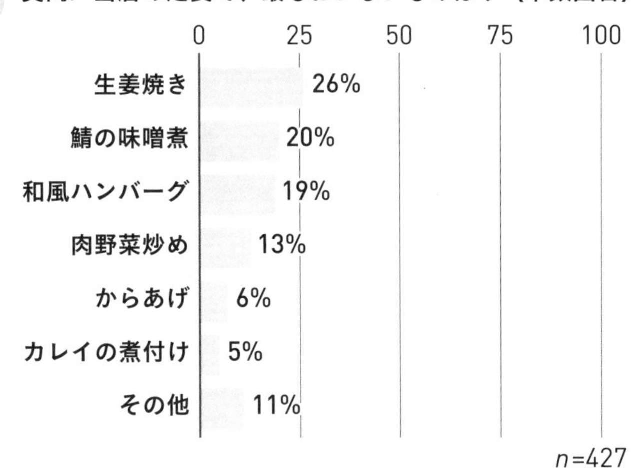


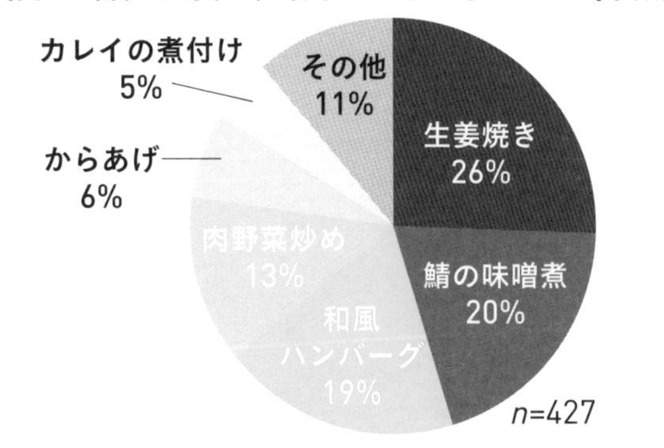

# 4つの無作為抽出法を理解しよう!

信用できる標本づくりのための無作為抽出法。今回は、4 つの方法をくわしく説明していきます。1 つひとつのイメージをつかみましょう。

## ⇨全員から無作為に抽出する「単純無作為抽出法」

ここからは、「日本人全員から 1000 人を抽出する」という例で説明していきますね。

まずは**「単純無作為抽出法」**です。この方法は、日本人全員から無作為に 1000 人を抽出するというものです。

たしかに「単純」（笑）。

はい。そんな単純無作為抽出法ですが、**発想は単純である一方で、実行は困難です。**

どうしてですか、こんなに単純明快なのに。

**「日本人全員の名簿」を入手しないと、やりようがない**からです。

ああそうか。「日本人全員の名簿」なんて普通は手に入りませんよね。じゃあ、単純無作為抽出法はいつ実行するんですか？

**母集団の名簿の入手は可能だけど、全員を相手に調査するには人数が多すぎる**という場合です。

それってたとえば、大学の事務局が学生名簿を使って学生の声を聞くとかですかね？

いいんじゃないでしょうか。
ちなみに母集団の人数がそこまで多くなければ、たとえば小学校や中小企業などであれば、わざわざ単純無作為抽出法なんて実行せずに、頑張って全員を相手に調査しましょう。

## ⇨層に分けてから抽出する「層別抽出法」

次に紹介するのは**「層別抽出法」**。これは、母集団を「年代」「都道府県」「職業」といった層に分けたうえで、**各層で単純無作為**

**抽出法を実行する方法**です。
もし層を「都道府県」とするなら、各都道府県から抽出する人数は、現実の各都道府県の人口に比例させます。

東京都は多め、みたいに。

はい。東京都には日本の全人口の約１割が暮らしていますから、標本の約１割も東京都民が占めるわけです。

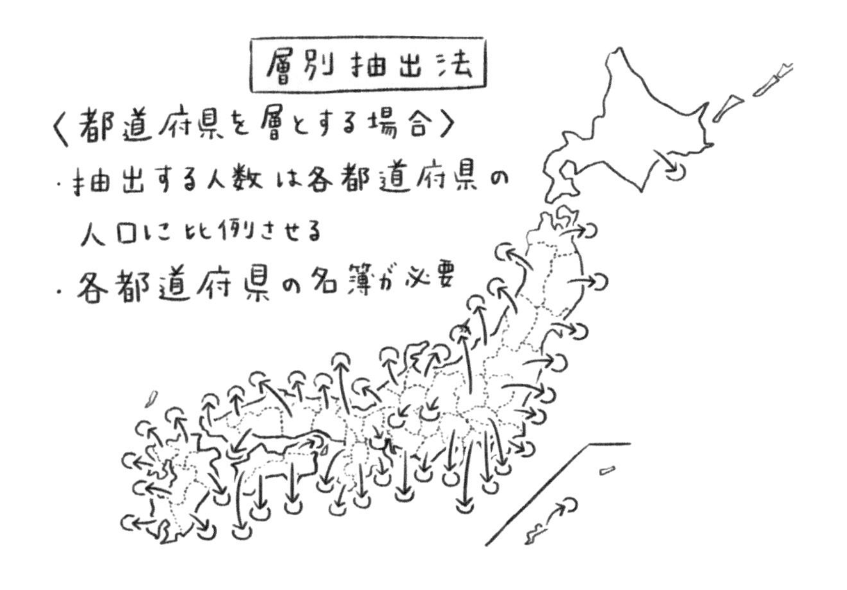

なるほど〜。でも層別抽出法って、層があるかないかの違いだけで、結局は単純無作為抽出法ですよね。

そうなんです。母集団の名簿がないと実行できないし、しかも名簿には層についての情報が記載されてないといけない。

ですよね。

## 2段階で抽出する「2段抽出法」

次に紹介する**「2段抽出法」**は、名前のとおり、2段階で抽出する方法です。

第1段階では、言わば、“都道府県名の記された47面のサイコロ”を用意します。サイコロの各面の面積は同じでなく、現実の都道府県の人口に比例しています。ですから最も広大で底面になりやすいのは「東京都」であり、最も狭小で底面になりにくいのは「鳥取県」です。そんなサイコロを何回か振り、底面になった都道府県をいくつか抽出します。

第2段階では、第1段階で抽出された都道府県ごとに、単純無作為抽出法を実行します。

これも結局は単純無作為抽出法に行き着くんですね〜。

そうです。ただし２段抽出法では、「日本人全員の名簿」が必要ありません。第１段階で抽出された都道府県の名簿さえあればいいんです。そういう意味では、すでに紹介した２つの抽出法にくらべて、現実的な方法です。

だったら最初からこの方法を紹介してくれればよかったじゃないですか～！

実は２段抽出法にも弱点があります。第１段階で都道府県が抽出されるということは、逆に言うと、抽出されない都道府県もあるということです。

たとえば「うどんとそばの意識調査」をするときに香川県と長野県が抽出されていなかったらどう思いますか。

なんか……しっくりこないですね。

私もそう感じます。
つまり２段抽出法の弱点は、学術的うんぬんというよりも、**「この標本は母集団である『日本人全員』の精巧なミニチュアと本当に言えるのか？」「この標本の調査結果を母集団の調査結果と見做していいのか？」**という懸念がわきやすいことなんです。

## ⇨層別+2段の組み合わせ技「層別2段抽出法」

そこで**「層別２段抽出法」**です！　この方法は、名前のとおり、層別抽出法と２段抽出法を合体させたものです。

まずは層別抽出法と同じように、母集団を「都道府県」という層に分けて、各都道府県から抽出する人数を決めます。

東京都からは約１割でしたね。

はい。次に、各都道府県から市区町村をいくつか抽出し、抽出された市区町村ごとに単純無作為抽出法を実行します。

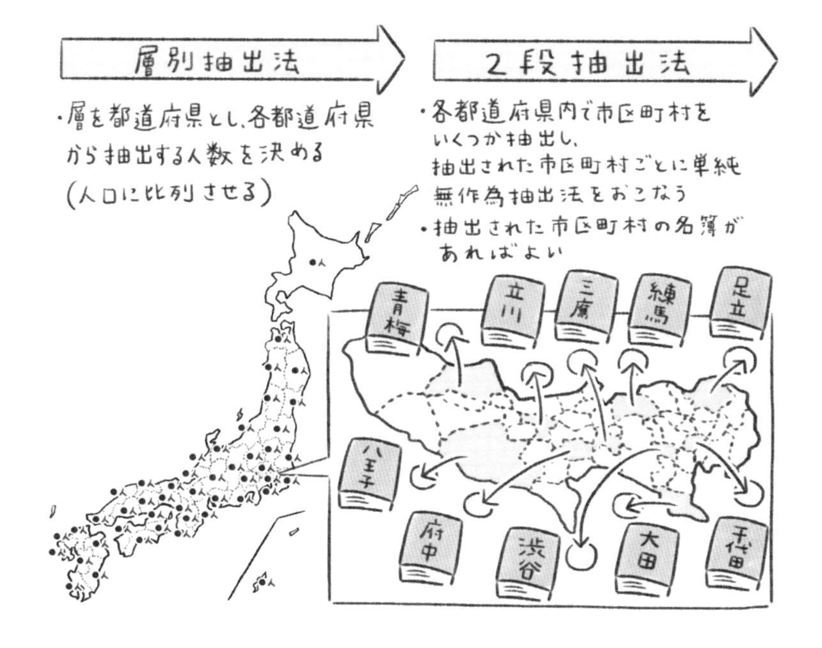

あ〜、ようは東京都とか大阪府とかのレベルにきたら２段抽出法を使うんですね。世田谷区は抽出されなかったけど八王子市は抽出されて、そこから９人とか。

そうです。この方法なら、最終的に抽出された市区町村の名簿さえあればいいわけです。

先ほど言ったように、「層別２段抽出法」は、内閣府の「国民生活に関する世論調査」で使われています。ただし層についての考え方などが、いま説明したものとは異なります。異なりますが、おおよそこんな感じで調査していると解釈してください。

## ➪真実を知るのは母集団だけ

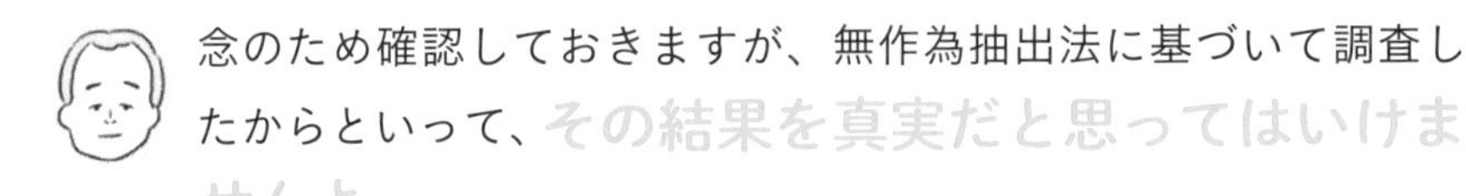

念のため確認しておきますが、無作為抽出法に基づいて調査したからといって、その結果を真実だと思ってはいけませんよ。

えっ！

だって、その調査結果は標本のものであって、母集団のものではないからです。

そうでした。真実を知りたかったら、母集団を調べるしかないんですよね。

そうです。

ところで、世の中には調査会社がいろいろありますよね。その結果がネットでニュースになったりしてますけど、あれって、無作為抽出法でやっているんですか？

なんとも言えません。会社にもよるでしょうし、調査内容にもよるでしょう。せっかく勉強したのですから、どうやって標本を抽出した調査なのか、これからは注意して見てみるといいでしょう。

そういう情報が書かれていなかったら？

**そんな調査の結果は無視してください。**
何歩か譲ったとしても、半分信じて半分信じないくらいにとどめておくべきです。

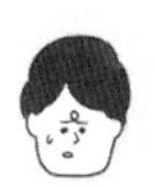
これまで信用しすぎていたかも……。気をつけます。

大手の調査会社が公表している結果だったとしても、安易に信用せず、冷静に見る習慣を身につけてください。そうすればデータリテラシーは確実に上がります！

## ランダム割り付けって？

最後にひとつ補足します。主に医学で使われている、**「ランダム割り付け」**を紹介します。

ランダムの意味が「でたらめ」とか「無作為」っていうのは知っていますが、割り付けるって……？？

たとえば、ある飲料メーカーが、ドライアイに効果のあるお茶を試作したとします。効くかどうかを確認するための実験に協力してくれる人が100人確保できました。100人もいるので、年齢とか性別とか健康状態とか、人々の特徴は千差万別です。

ここで研究者が何をするかというと、実験開始日より前に、**協力者の名簿の番号を見ながらサイコロを100回振っておく**んです。で、偶数だった人には試作茶を実験で飲んでもらい、奇数だった人には偽試作茶を飲んでもらう。これがランダム割り付けです。

アナログ＆シンプル（笑）。

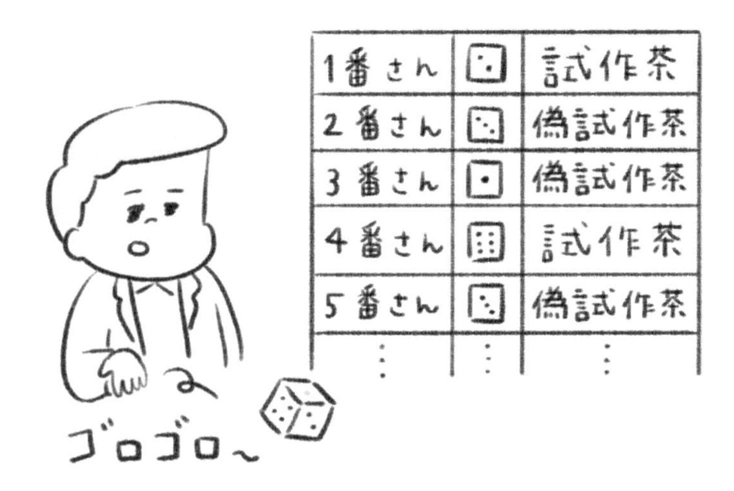

実際には、サイコロじゃなくて、乱数という数値をコンピュータで生成したりしてランダム割り付けを実行するんですけどね。ちなみに試作茶と偽試作茶のどちらに振り分けられたかは、協力者に教えないほうがいいでしょう。

心理的な影響が出ちゃうといけませんからね。
ランダム割り付けの意味はわかりましたけど、どうしてそんなことをする必要があるんですか？

試作茶は、まだ売り出されていません。だから実験以前に試作茶を飲んだことがあるのは、開発スタッフと会社の偉い人くらいのものでしょう。そんな彼らが自ら実験台になって試作茶の効果を調べ、結果を公表するのは不適切ですよね？

身内のデータですもんね。信用できなさそうです。

しかも試作茶は売り出されていないのですから、「日本の有権者全員」とか「岩手県の30代全員」とは違って、**「売り出された試作茶を飲んだ人々全員」という母集団は存在しません。**

ああ、そうか！　母集団が存在しないんだから、無作為な抽出もできませんね。

だからランダム割り付けをやるんです。
**ランダム割り付けをやれば、年齢や健康状態といった、2つの群の属性がだいたい均一化されます。**

均一化された2つの群に試作茶と偽試作茶を振り分けてデータを取れば、本当にドライアイに効くかがスッキリわかると。なるほど。

## ➪レビュー経済の危うさ

今日の授業はこれで終わりです。なにか感想は？

感想っていうか、聞きたいことがあります。
実は私、以前は釣り雑誌の編集者だったんですけど、**読者ハガキのアンケート結果って統計学的な価値はあるんですか？**

送られてくるハガキって、読者プレゼント目当ての人か意見を言うのが大好きなおじいちゃんが大半で、今日の話を聞くと、偏っている気がします。

ハガキを送ってきた人々は、母集団である、「出版社の考える想定読者」から無作為に抽出されたわけではありません。それどころか「出版社の考える想定読者」に含まれてない人々も送ってきているでしょう。

ですから送られてきた読者ハガキの集計結果は、送ってきた人々の声を集計したものにすぎないので、**何の価値もありません。**

つまり、こうですか。母集団である「出版社の考える想定読者」から無作為に抽出された人々ではないのだから、読者ハガキを送ってきた人々のデータの集計結果を見て、上司が「先月号より満足度が下がったじゃないか！」と怒るのは間違っていると。

間違いです。

そうだったんだ。あのときあんなに怒られて損したな……。
でも、**送られてくる読者ハガキの枚数が多ければ、その集計結果はそれなりに信用できるんじゃないですか？**

**その考えも大間違いです。**
どんなに多くても､母集団である「出版社の考える想定読者」から無作為に抽出されたわけではないし､「出版社の考える想定読者」に含まれてない人々も送ってきているわけですから。

なるほど……。じゃあ読者ハガキは、どう活用するのが「正しい」んでしょうか。

満足度を集計して一喜一憂したりなんかしないで、自由回答欄に書かれている内容に真摯に耳を傾けて、今後に活かしたほうがいいです。

わかりました。と言っても、もう釣り雑誌の編集者じゃなくなっちゃったんですけどね。

ちょっと話題が変わりますけど、最近、私たちが買い物をしたりサービスを選んだりするときに、やたらとレビューとか星の数とかを参照するじゃないですか。あのレビューって、読者ハガキの話を聞いていたら、母集団が不明瞭だからあまり参考にならないのかなって思ったんですけど、どうでしょう。

そのとおりです。**鵜呑みにするのは危険です。**

やっぱりそうなんだ……。気をつけないと。

## 2日目の授業でわかったこと

- インターネット投票は“調査もどき”なので、その結果を「世間の声」と判断してはならない。
- 標本が母集団の精巧なミニチュアになることを目指した抽出方法が「無作為抽出法」である。
- 無作為抽出法の種類として、「単純無作為抽出法」「層別抽出法」「2段抽出法」「層別2段抽出法」などがある。
- 「単純無作為抽出法」は、母集団から無作為に抽出する方法である。
- 「層別抽出法」は、母集団を「都道府県」などの層に分けたうえで、各層で単純無作為抽出法を実行する方法である。
- 「2段抽出法」は、都道府県をいくつか抽出し、その都道府県ごとに単純無作為抽出法を実行する方法である。
- 「層別2段抽出法」は、層別抽出法と2段抽出法を合体させた方法である。

日目

# データの雰囲気をつかもう！

## 数量データ編

# データはまず、雰囲気をつかむべし！

統計学の基本である、「データの雰囲気のつかみ方」を身につけましょう。これを知っているだけでも、周りにちょっと自慢できるかも!?

## ⇨データの扱い方の基本を学ぼう

今回までに何を勉強したか、覚えていますか？

えーっと、1日目は統計学の概要で、2日目は無作為抽出法でした。

そうです。それらの知識だけでも、データリテラシーはかなり上がったはずです。

そうだといいんですけど……（不安）。

謙遜しなくていいですよ（笑）。自信をもってください。

さて、1日目の最後に言ったように、私の授業では最終的に「母集団の割合の推定」と「重回帰分析」を紹介したいんです。それらを理解するための下ごしらえが、今日の授業です。

下ごしらえってことは、手間はかかるけど、難しくはない？

難しくないです。ただし数式が出てくるので、それだけは覚悟しておいてください。**数式が出てきたときのポイントは、不必要にたじろがないことです。**

よくおわかりでいらっしゃる（笑）。そう、文系人間って複雑な式を見たら思考をシャットダウンしてしまうんです。

シャットダウンしそうになったら、**無理に数式を見なくていいです。**じゃあ、さっそくやりましょう。

お願いします！

## 「データの雰囲気をつかむ」とは?

統計学では一般的に、「20代」とか「有権者」とか「高血圧の患者」といった、規模が大きな集団を相手にします。すると当然、扱うデータの量もおびただしいものになります。

たとえば被験者が 1000 人いて、「年齢」「性別」「身長」「体重」「血圧」といった変数が 20 個あって、それを Excel に入力していくと、**トータルで 1000 × 20=20000 個のデータ**が並ぶことになります。

すごい量で頭が混乱しそうですね。

そこで、**どうやってデータの雰囲気をつかむか**、それが今日のテーマです。

それって、記述統計学についての話題ですか？

いえ、記述統計学と推測統計学のどちらにも関係します。

## データは2種類に分けられる

最初に知っておいてほしいのは、データは 2 種類に分けられることです。**「数量データ」**と**「カテゴリカルデータ」**です。

たとえばある菓子メーカーがモニターさんにアイスの試作品を食べてもらって、次のようなデータを得たとします。

| | 昨晩の睡眠時間（h） | 試食した場所の室温（℃） | 既存品にくらべて | 性別 |
|---|---|---|---|---|
| **参加者 1** | 6.5 | 29 | とてもまずい | 女 |
| **参加者 2** | 8 | 33 | ちょっとおいしい | 男 |
| **参加者 3** | 6 | 29 | どちらともいえない | 男 |
| **参加者 4** | 7.25 | 30 | ちょっとまずい | 女 |
| ⋮ | ⋮ | ⋮ | ⋮ | ⋮ |

数量データ　　　カテゴリカルデータ

左側の「昨晩の睡眠時間」と「試食した場所の室温」が数量データで、右側の「既存品にくらべて」と「性別」がカテゴリカルデータです。

ちなみに、数量データのことを**「量的データ」**と表現し、カテゴリカルデータのことを**「質的データ」**と表現する場合もあります。

ふむふむ。これはすんなりわかりました。

確認しておきましょう。「血液型」はどちらだと思いますか？

カテゴリカルデータ！

「来客数」は？

数量データ！

じゃあ「『京都検定』の級」は？

京都検定？

京都商工会議所が主催する、京都についての検定です。1級と2級と3級からなります。

数字で表しているくらいだから、「『京都検定』の級」は数量データ！

残念。カテゴリカルデータです。

えっ、どうしてですか？

各級に順序性はあるけれど、幅が等間隔ではないからです。

| 3級 | 2級 | 1級 |
|---|---|---|
| ・公式テキストの中から90％以上を出題。<br>・マークシート択一方式で、70％以上の正解で合格。 | ・公式テキストの中から70％以上を出題。<br>・マークシート択一方式で、70％以上の正解で合格。 | ・公式テキストに準拠して出題。<br>・記述式・小論文式で、合わせて80％以上の正解で合格。 |

※第16回京都検定から、準1級の認定も始まりました。
※出典：https://www.kyotokentei.ne.jp/

たしかに「3 級から 2 級までの幅」と「2 級から 1 級までの幅」は同じじゃないですね。
でも、うまく説明できないんですけど、カテゴリカルデータだっていうのがまだ納得できません。

でしたら、こういう例はどうでしょう。

喫茶店 A の来客数は 3 人で喫茶店 B の来客数は 1 人なら、2 つの喫茶店の来客数の合計は 4 人です。
では A さんは京都検定の 3 級に合格して B さんは 1 級に合格したなら、2 人の級の合計は 4 級です。……なんて計算、しませんよね？

なるほど！　よくわかりました。

数量データとカテゴリカルデータに分けられるという話をなぜしたかと言うと、それぞれで、雰囲気のつかみ方が異なるからです。

カテゴリカルデータは明日に持ち越して、今日は数量データに絞って話を続けていきますね。

LESSON 2 時間目

# 「データの散らばり具合」を数値化してみよう

**数量データの雰囲気をつかむコツのひとつが、「データの散らばり具合」を把握すること。統計学では、データの散らばり具合を数値化することができます。**

## 「平均」とは、「平らに均す」こと

このデータは、ある自動車販売店の営業成績です。先月の販売台数が書いてあります。

| | 営業１課（台） |
|---|---|
| アさん | 4 |
| イさん | 0 |
| ウさん | 1 |
| エさん | 3 |
| オさん | 2 |

| | 営業２課（台） |
|---|---|
| ロさん | 2 |
| ハさん | 3 |
| ニさん | 2 |
| ホさん | 2 |
| ヘさん | 1 |

１課は、４台売れた人もいれば、ゼロの人もいますね。

いまの郷さんの発言がいい例なんですが、**データが表に記載されていると、たまたま目に入った数値にだけ注目してしまいがちです。**

でも私たちにとって重要なのは、営業１課の雰囲気をつかみ、営業２課の雰囲気をつかむことです。さらに必要なら、営業１課と２課を合わせた雰囲気をつかむことです。

そこで出てくるのが、「平均」です。**平均こそ、数量データの雰囲気をつかむときの基本中の基本。**
計算方法はわかりますか？

私の数学力って、かなり信用されていないんですね（苦笑）。さすがにわかります。
**データを全部足して、人数で割る！（ドヤ顔）**

そうです。営業１課の総販売台数は、「4＋0＋1＋3＋2」なので、10台。それを５人で割るから、平均は２台。
ようするに平均は、営業１課のひとりあたりの販売台数です。営業２課の平均も計算してみてください。

わかりました。

$$\frac{2+3+2+2+1}{5}=\frac{10}{5}=2$$

へえ、１課も２課も、平均は２なんだ。

ちなみに、「平均」という言葉って、「平らに均（なら）す」と読めますよね。幼いときに平均の計算方法を習うものだから意識していない人もいるかもしれませんが、平均を計算するという行為は、次の図のように、**データの凸凹を平らに均すということ**なんです。

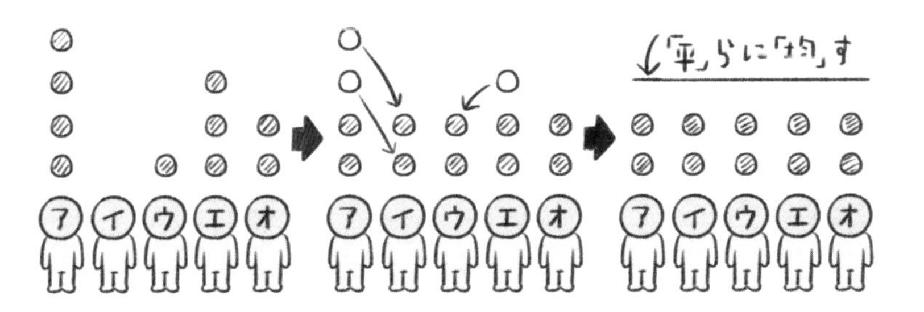

おお、わかりやすい。

お子さんに平均を教えるときに、この図を描いてみてください。

## 平方和、分散、標準偏差で「データの散らばり具合」をつかもう

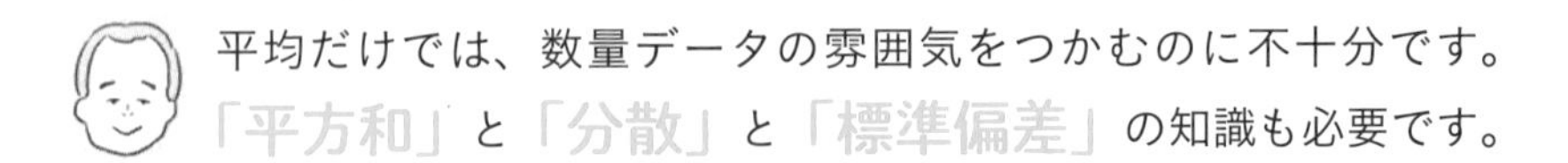

平均だけでは、数量データの雰囲気をつかむのに不十分です。「平方和」と「分散」と「標準偏差」の知識も必要です。

- 平方和
- 分散
- 標準偏差

3つも覚えなきゃならないんですか？　授業から脱落するかも……（汗）。

安心してください。これら 3 つは、事実上、ほぼ同じものです。**データの散らばり具合を表す指標**です。

散らばり具合？

はい。データのムラが激しいか激しくないかです。

説明するための例として再び、営業 1 課と 2 課を使います。ただし表のままでは雰囲気をつかみづらいので、図にしました。

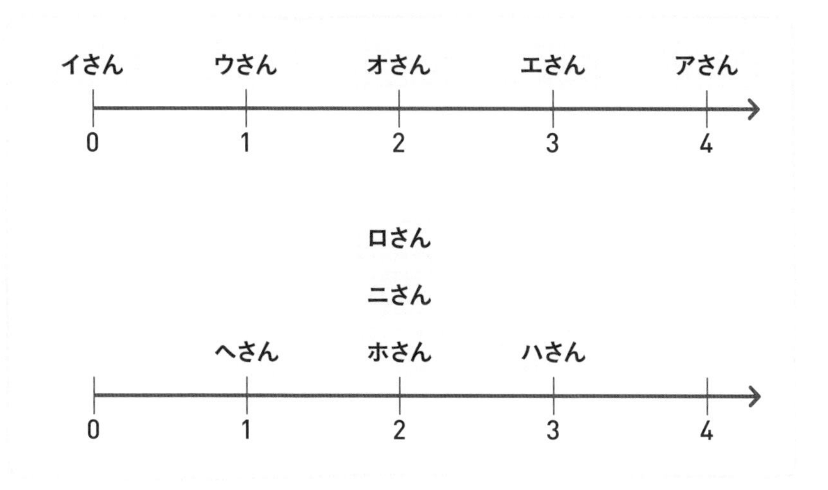

はい。

ここで想像してみてください。営業 1 課と 2 課の上には営業部があって、営業部長がいます。1 課と 2 課の課長が、部長に先月の成績を報告にいきました。
もしここで部長が、ひとりあたりの販売台数しか、つまり平均しか評価の対象にしていなかったとしたらどうでしょう？

1課も2課も平均は2だから、2つの課の成績は同じだと思われるでしょうね。
部長から「1課も2課も同じように頑張ったな。今月もよろしく頼むよ」とか言われて話が終わっちゃいそう。

釈然としませんよね。なぜ釈然としないかと言えば、図から明らかなように、1課と2課ではデータの散らばり具合が異なるからです。
1課は、頑張った人がいる一方で振るわなかった人もいます。それに比べて2課は、みんなだいたい同じです。

**こういったデータの散らばり具合を数値化するためにあるのが、平方和と分散と標準偏差**なんです。

ふんふん。

**平方和も分散も標準偏差も、最小値は0です。**
どういう場合に0かというと、データが全く散らばっていないときです。つまり全員のデータが完全に同じ場合。

たとえば営業1課の販売台数が全員5だったとしたら、営業1課の平方和も分散も標準偏差も0。
逆に言うと、データの散らばり具合が大きくなるほど、平方和も分散も標準偏差も値が0より大きくなります。

へぇ〜〜〜。

## ➪平均を基準地点とするのが「平方和」

まずは平方和を説明しましょう。**平方和は、平均を基準地点としたうえで、データの散らばり具合を数値化したもの**です。
数学的に表現すると、

**(個々のデータ－平均)$^2$を足したもの**

です。営業１課の平方和を実際に計算してみます。

$$(4-2)^2+(0-2)^2+(1-2)^2+(3-2)^2+(2-2)^2$$
$$=4+4+1+1+0$$
$$=10$$

↑営業1課の平方和

ほうほう。素朴な疑問なんですけど、どうして２乗するんですか。２乗しないで足しちゃダメなんですか？

いい質問です。では、２乗しないで計算してみてください。

はい。

$$
\begin{aligned}
&(4-2)+(0-2)+(1-2)+(3-2)+(2-2)\\
&=2+(-2)+(-1)+1+0\\
&=0
\end{aligned}
$$

あれ、０になっちゃった！

たまたま０になったのではありません。２課で計算しても０です。ほら。

$$
\begin{aligned}
&(2-2)+(3-2)+(2-2)+(2-2)+(1-2)\\
&=0+1+0+0+(-1)\\
&=0
\end{aligned}
$$

そうか、だから２乗するんですね。２課の平方和を計算してみます。

$$
\begin{aligned}
&(2-2)^2+(3-2)^2+(2-2)^2+(2-2)^2+(1-2)^2\\
&=0+1+0+0+1\\
&=2
\end{aligned}
$$

↑営業２課の平方和

2課の平方和は2で1課は10。1課のデータの散らばり具合のほうが大きいのは先ほどの図で知っていましたけど、たしかに平方和も1課の値のほうが大きくなりましたね。

理解できたようで、よかったです。

でも、しつこいんですけど、どうして「2」乗して足すんですか。「3」乗するとマイナスの数が結局マイナスになるからよくないっていうのはなんとなくわかるんですけど、「4」乗とか「18」乗とかじゃダメなんですか？

こだわりますね（笑）。
それでは2種類の答えを示します。1つめ。どうして「2」乗して足すのかという点にこだわるのは、言わば、「あの映画の通行人役のエキストラはどうしてチェックのシャツを着ているのだろう？」という点にこだわるようなものです。
そのような細部にこだわっていたら、統計学の山頂にはいつまでたっても到達できません。立ち止まるところではありません。

世の中そういうものだから割り切りなさい、と。

はい。答えの２つめ。統計学のいろいろな場面で、「2」乗して足す、平方和が現に大活躍しています。「4」乗とか「18」乗とかが参入する余地はないのです。

よーくわかりました（笑）。

さて、ここまで説明してきた平方和には、残念ながら、致命的な弱点があります。**データの個数が多くなるほど値も大きくなる**んです。

たとえば１課が５人で２課が５万人だったら、わざわざ計算しなくても、２課の平方和のほうが必ず大きいってことですか？

絶対にそうだとは断言できません。2課の販売台数が全員同じなら、平方和は０ですから。
でも常識的に考えてそんなことはまずありえないでしょうから、郷さんのように考えてかまわないでしょう。

データの個数が多くなるほど値も大きくなるなら、データの散らばり具合を数値化する道具として、平方和は失格じゃないですか……！

そこで出てくるのが、次に話す「分散」です！

## 平方和の弱点を解消！「分散」

**分散は、平方和をデータの個数で割ったもの**です。
たとえば営業１課の分散は、平方和である10をデータの個数である５で割ったもの。すなわち２。

営業2課は、平方和である2をデータの個数である5で割ったもの。すなわち0.4です。

・1課の分散→$\frac{10}{5}=2$

・2課の分散→$\frac{2}{5}=0.4$

超単純ですね（笑）。

データの個数が多くなるほど値も大きくなるという平方和の弱点が、データの個数で割ることで、分散では解消されているわけです。

## ⇨分散をルートにしただけ！「標準偏差」

最後に標準偏差です。**標準偏差は、分散のルート**です。
たとえば営業1課の標準偏差は、分散が2でしたから、$\sqrt{2}$。営業2課は、分散が0.4でしたから、$\sqrt{0.4}$。

・1課の標準偏差→$\sqrt{2}$

・2課の標準偏差→$\sqrt{0.4}$

ルートっていうのがとっつきにくいですけど、これも超単純ですね！

気になるんですけど、ルートかそうじゃないかっていう違いしかないのなら、標準偏差は世の中に必要ないんじゃないですか？

いえ、そんなことはありません。標準偏差が存在する理由はちゃんとあります。

分散の分子である、平方和の計算を思い出してください。2乗しましたよね。だから平方和の単位は「台$^2$」です。

ああ、「台$^2$」を「台」にするために、分散のルートを計算するのか。それが標準偏差の存在理由ですね？

大正解です。言わば、“単位をもとどおりにした指標”として標準偏差は存在するのです。

なるほど。

## ➪平方和、分散、標準偏差は統計学の黒子役！

以上が平方和と分散と標準偏差の説明でした。表にまとめるとこんな感じです。いかがでしたか？

| | |
|---|---|
| 平方和 | $(\text{個々のデータ} - \text{平均})^2$ を足したもの |
| 分散 | $\dfrac{\text{平方和}}{\text{データの個数}}$ |
| 標準偏差 | $\sqrt{\text{分散}}$ |

すごくわかりやすかったです。

実は、話の続きがあります。先ほどは説明にあたって営業1課と2課を比較しましたが、「こっちの集団の分散のほうが小さいぞ！」とか「標準偏差が0.7もあるだなんて！」といった評価は、**一般的にはそれほどしません。**

えっ、しないんですか？　せっかく覚えたのに。

やってもいいんです。ダメだと言っているのではありません。たとえば直径5ミリのネジを製造する機械をA社とB社が作っていて、それぞれの機械でネジを100個ずつ製造して、それら2つの分散からどちらの機械のほうが高精度か確認するなんて、意義ある行為だと思います。

私が言っているのは、それほどまでにはやる機会がありませんよという意味です。

じゃあ、平方和と分散と標準偏差って**何のために存在するんですか？**

**さまざまな分析手法の裏方として存在するんです。**言わば、統計学の黒子役。「母集団の割合の推定」と「重回帰分析」でも活躍しますよ。

## ➪推測統計学で使う「不偏分散」

話題を分散に戻します。

平方和をデータの個数で割ったもの、でしたね。

そうです。実は、それとは異なる、**「不偏分散」**というものもあるんです。

フヘン？　普遍？　不変？

偏らないという意味の、「不偏」です。それら２つの分散の違いは、分母にあります。先ほど説明した分散は、$\frac{\text{平方和}}{\text{データの個数}}$でした。**不偏分散は、$\frac{\text{平方和}}{\text{データの個数} - 1}$**です。

マイナス１？　なんでわざわざ１を引くんですか？

わざわざ引いたのではありません。推測統計学において、「不偏性」という考え方に基づくと、母集団の分散の推定値として最良なのは$\frac{平方和}{データの個数-1}$だと判明しているんです。

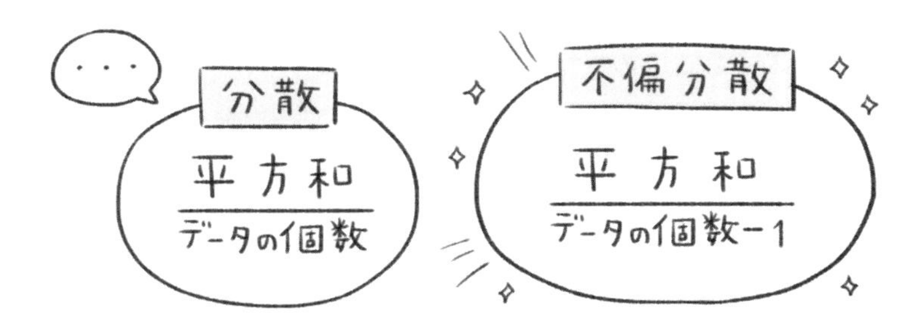

でも、もしデータが手元に10000個あったとして、その平方和を10000で割っても9999で割っても、値は激似ですよね。だったら別に、不偏分散なんて必要ないんじゃないですか。

そういうふうに考えてはいけません。**母集団の分散の推定値として最良なのは$\frac{平方和}{データの個数-1}$だという「理屈」がある**んです。その理屈を本気で知りたかったら、最低でも、高校理系レベルの数学の知識が必要です。

いやあ、そこまでして首をつっこむのはちょっと……。
ひとまず割り切って、暗記しておきます（笑）。

## 平均の弱点を解消！「中央値」

２時間目の冒頭で平均を説明しました。平均から平方和、分散、標準偏差と一気に駆け抜けていきたかったのであえて触れな

かったんですけど、実は**平均には弱点があります。**
異様に大きかったり小さかったりするデータがあると、それに引きずられてしまうんです。

どういう意味ですか？

例を挙げますね。ある職場のボウリング大会の結果を用意しました。6人の平均は103です。

| | スコア |
|---|---|
| **参加者1** | 229 |
| **参加者2** | 77 |
| **参加者3** | 59 |
| **参加者4** | 95 |
| **参加者5** | 70 |
| **参加者6** | 88 |
| **平均** | 103 |

参加者1、めっちゃうまいじゃないですか、229って。

全部スペアでも200は超えられないですからプロ並みです。その一方で、参加者1以外の人は、100すら超えられていません。参加者3なんて59です。

さて、もし6人分の具体的なデータは見せずに平均だけを公表したら、周りはどう判断すると思いますか？

ボウリングの腕前は6人とも103ぐらいなんだなって思うでしょうね。
でも、私が参加者1だったら怒りますよ、「冗談じゃない、

私の本当のスコアは229だぞ！」って。

私が参加者3なら、「本当は59でしかない自分が103に過大評価されてうれしい！」って思いますよ（笑）。
で、この例のように、**異様に大きかったり小さかったりするデータがある場合に、「中央値」の出番**なんです。

中央値ってことは、中央の値？

そうです。名前のとおり、**データを小さな順に並べたときに、ちょうど真ん中にくる値が中央値**です。
この例のようにデータの個数が偶数の場合は、真ん中がないので、真ん中の2つのデータの平均を中央値とします。

59、70、77、88、95、229

$$\frac{77+88}{2}=\frac{165}{2}=82.5$$

中央値は82.5……って、平均の103より小さくなっちゃいましたね。参加者1がもっと怒りそう……。

でも、残りの５人にとっても私たちのような第三者にとっても、**中央値である 82.5 のほうが、データの雰囲気をつかんでいる**と思いませんか？

なるほど、そういうふうに考えるんですね。

そう言えば名前を聞いて思い出したんですけど、中央値って、年収とかの話題に出てきませんか？

そうです。世の中にはスーパー金持ちの人がいるわけで、年収が１億とか 10 億といった人も含めて平均を計算すると、値がグッと押し上げられてしまいます。だから、データの雰囲気をつかみたいなら、中央値のほうが適切です。

中央値だと値が下がる？

これを見てください。所得についてですが、厚生労働省による「国民生活基礎調査」の結果をまとめたものです。

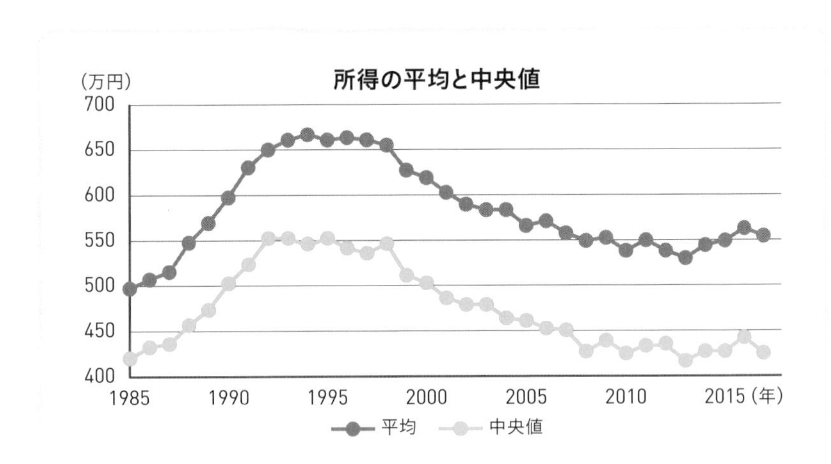

へえ、結構違いますねぇ。

ちなみに、2017年における平均と中央値の差は129万円で、1985年は75万円です。

という事実を知っていただいたところで、中央値の話は以上です。

LESSON 3 時間目

# 実は身近にあった!? データの「基準化」

統計学でよくおこなわれるデータ変換である「基準化」。「なんのことやら?」という人もご安心ください。学生時代に一喜一憂していたあの数字が、実は「基準化」と関係しているのです。

## ➡データの規格を揃える「基準化」

さて、今日の最後の話題は、「基準化」です。

基準化？？？

統計学で非常によくおこなわれる、きわめて重要なデータ変換です。平たく言うと、**単位が異なったり満点が異なったりする変数の規格を揃える変換**です。**「標準化」**とも言います。

平たくって話でしたけど、逆に意味がわかりません。

大丈夫、これから挙げる例を一緒に考えていけば理解できます。

次の表は、国語と社会のテスト結果です。国語のテストで受験生 1 は 100 点を取り、社会のテストで受験生 2 は 100 点を取りました。

| | 国語 | 社会 |
|---|---|---|
| 受験生 1 | **100** | 28 |
| 受験生 2 | 26 | **100** |
| 受験生 3 | 67 | 27 |
| 受験生 4 | 82 | 54 |
| 受験生 5 | 99 | 33 |
| 受験生 6 | 45 | 14 |
| 受験生 7 | 56 | 25 |
| 受験生 8 | 65 | 30 |
| 受験生 9 | 93 | 40 |
| 受験生 10 | 67 | 49 |
| 平均 | 70 | 40 |

満点を取れて、よかったですね。

ふたりとも頑張ったねと言いたくなるところですが、**同じ 100 点でも、受験生 2 の 100 点のほうに価値があるん**です。

価値がある、とは？

平均点に注目してください。国語の平均点よりも社会の平均点のほうが低いですね。

平均点が 40 点ということは結構難しいテストだったと思われますが、そんなテストで 100 点を取ったのはすごいことですよね。

ああ、価値があるって、そういう意味ですね！

もうひとつ例を挙げます。数学のテストで受験生 1 は 100 点を取り、英語のテストで受験生 2 は 100 点を取りました。

| | 数学 | 英語 |
|---|---|---|
| 受験生 1 | **100** | 50 |
| 受験生 2 | 42 | **100** |
| 受験生 3 | 65 | 55 |
| 受験生 4 | 87 | 58 |
| 受験生 5 | 58 | 46 |
| 受験生 6 | 53 | 47 |
| 受験生 7 | 44 | 48 |
| 受験生 8 | 29 | 54 |
| 受験生 9 | 18 | 53 |
| 受験生 10 | 64 | 49 |
| 平均 | 56 | 56 |
| 標準偏差 | 23.6 | 15.1 |

どちらの 100 点に価値があるかって話ですね！　それは平均点を見れば……ってどっちも 56 点かあ。じゃあ、どちらの 100 点も同じ価値ですか？

違います。答えは英語です。
**標準偏差に注目してください。**

**おっ、ここで標準偏差が登場だ！**

標準偏差が小さいのは英語のほうですね。ということは？

数学よりも英語のほうが、10 人の点数の散らばり具合が小さい！（ドヤ顔）

そうです！　散らばり具合が小さいということは、みんなの点数が似ていて、**1 点 2 点の差で順位が変わるような熾烈な戦いだった**と言えます。

つまり**英語のほうが「1 点の重み」が重かった**わけです。

だから、**同じ 100 点でも、受験生 2 の 100 点のほうに価値があると**。

そうということです。
さて、いまの 2 つの例は、どちらも受験生が 10 人しかいなかったので、100 点の価値の検討が目視でできました。でも大手進学塾のように何百人何千人のデータを相手にする場合は、こんな牧歌的な検討をやっていられません。

たしかに。

そんなときに便利なのが、「基準化」というデータ変換です。
**基準化では、個々のデータから平均を引き、それを標準偏差で割ります。**

また標準偏差が出てきた！　それにしても、分子が平方和っぽいですね？

たしかにそうですが、2 乗はしませんよ。

数学と英語のテスト結果を基準化したものが次の表です。なお基準化されたデータのことを**「基準値」**や**「標準得点」**などと言います。

| | 数学 | 英語 |
|---|---|---|
| 受験生 1 | **100** | 50 |
| 受験生 2 | 42 | **100** |
| 受験生 3 | 65 | 55 |
| 受験生 4 | 87 | 58 |
| 受験生 5 | 58 | 46 |
| 受験生 6 | 53 | 47 |
| 受験生 7 | 44 | 48 |
| 受験生 8 | 29 | 54 |
| 受験生 9 | 18 | 53 |
| 受験生 10 | 64 | 49 |
| 平均 | 56 | 56 |
| 標準偏差 | 23.6 | 15.1 |

| | 数学の基準値 | 英語の基準値 |
|---|---|---|
| 受験生 1 | **1.86** | -0.40 |
| 受験生 2 | -0.59 | **2.91** |
| 受験生 3 | 0.38 | -0.07 |
| 受験生 4 | 1.31 | 0.13 |
| 受験生 5 | 0.08 | -0.66 |
| 受験生 6 | -0.13 | -0.60 |
| 受験生 7 | -0.51 | -0.53 |
| 受験生 8 | -1.14 | -0.13 |
| 受験生 9 | -1.61 | -0.20 |
| 受験生 10 | 0.34 | -0.46 |
| 平均 | 0 | 0 |
| 標準偏差 | 1 | 1 |

受験生 1 の数学の基準値 $=\dfrac{100-56}{23.6}=1.86$

受験生 2 の英語の基準値 $=\dfrac{100-56}{15.1}=2.91$

基準値を見れば、どちらの 100 点に価値があるか、一目瞭然ですね。

でも、ちょっと待ってください。基準値が何を意味しているのか、いまいち理解できていないです……。

基準値の分子の意味は、個々の点数から平均点を引いているのだから、平均点との差です。**平均点より点数の高い受験生は値がプラスになるし、低い受験生は値がマイナスになります。**

ここまではいいですか？

はい。

平均点との差だけでは点数の価値をうまく検討できません。教科によって1点の重みが異なるからです。そこで、**1点の重みを反映させるために、標準偏差で割る**んです。
点数の散らばり具合が小さいほど1点の重みが重いから基準値は大きくなり、散らばり具合が大きいほど1点の重みが軽いから基準値は小さくなります。

なるほど～わかってきました！
ちょっと思いついたんですが、標準偏差でなく分散で割っちゃダメなんですか？　分散で割っても1点の重みを反映させられると思うんですが……。

斬新な発想ですね。考えたこともなかったなあ。郷さんのアイデアはそれはそれで素晴らしいのですが、標準偏差で割る、それが基準値です。
ちなみに基準値には次の特徴があります。重要です。

- **満点が何点の変数であろうと、その基準値の平均は0で標準偏差は1。**
- **どのような単位の変数であろうと、たとえばcmであろうとkgであろうと、その基準値の平均は0で標準偏差は1。**

えっと、平均が０になるのは感覚的にわからなくもないんですけど、基準値の標準偏差が１というのがしっくりこないです……。

実際に簡単な例でたしかめてみましょう。細かい計算に興味がなければ読み飛ばしてください。

| | もともとのデータ | 基準化したデータ（基準値） |
|---|---|---|
| アさん | 1 | $\frac{1-3}{s}$ |
| イさん | 2 | $\frac{2-3}{s}$ |
| ウさん | 6 | $\frac{6-3}{s}$ |
| 平均 | $\frac{1+2+6}{3}=\frac{9}{3}$<br>$=3$ | $\frac{\left(\frac{1-3}{s}\right)+\left(\frac{2-3}{s}\right)+\left(\frac{6-3}{s}\right)}{3}=\frac{\left\{\frac{(1-3)+(2-3)+(6-3)}{s}\right\}}{3}$<br>$=0$ |
| 平方和 | $(1-3)^2+(2-3)^2+(6-3)^2$<br>$=(-2)^2+(-1)^2+3^2$<br>$=4+1+9$<br>$=14$ | $\left(\frac{1-3}{s}-0\right)^2+\left(\frac{2-3}{s}-0\right)^2+\left(\frac{6-3}{s}-0\right)^2$<br>$=\left(\frac{1-3}{s}\right)^2+\left(\frac{2-3}{s}\right)^2+\left(\frac{6-3}{s}\right)^2$<br>$=\frac{(1-3)^2+(2-3)^2+(6-3)^2}{s^2}$<br>$=\frac{3}{s^2}\times\frac{(1-3)^2+(2-3)^2+(6-3)^2}{3}$<br>$=\frac{3}{s^2}\times s^2$<br>$=3$ |
| 分散 | $\frac{14}{3}$ | $\frac{3}{3}=1$ |
| 標準偏差 | $\sqrt{\frac{14}{3}}$<br>※右列の計算の便宜上、この値を $s$ という記号で表記することにします。 | $\sqrt{1}=1$ |

## ➪基準値は、みんな知ってるあの数字だった!?

実は、あまり知られていませんが、基準値ってみなさんに馴染み深いものなんですよ。

もしかして……**偏差値？**

そのとおり！　「偏差値」は、基準値を少しだけ加工したものです。
具体的には、基準値を10倍して50を足します。ですから、先ほどの基準値の特徴を踏まえていただければ想像できるんじゃないかと思いますが、**偏差値の平均は必ず50ですし、偏差値の標準偏差は必ず10です。**

そっかあ、だから偏差値50だと「普通だね」とか言われるんですね〜。

はい。**平均点に等しい**という意味だからです。

基準値をわざわざ加工して偏差値にするのはなんでですか？

すみませんが、詳しいことはわかりません。おそらく、見た目を100点満点形式に近づけたほうが雰囲気をつかみやすいとか、平均点未満の子の成績がマイナス表記になるのを避けるとか、そういった事情があったのではないでしょうか。

たしかに思春期のときに「君の偏差値はマイナス10だよ」なんて言われたら凹むだろうなぁ……。

教育的な配慮としては適切かなと思います。

でも統計学に慣れてくると、偏差値より基準値のほうがはるかにわかりやすいんです。だって平均を下回っていたらマイナスなんですから。

そう言われると、そうですね。

偏差値の見方について補足しておきます。偏差値が上がったり下がったりに受験生は一喜一憂するわけですが、気をつけたほうがいいです。

何をですか？

たとえば、ある受験生が予備校の模試を4月に受けたところ、偏差値は52だったとします。このままでは志望校に合格できないからと一念発起して、夏休みに猛勉強をしました。その成果を確かめようと、4月とは異なる予備校の模試を9月に受けたところ、偏差値は58でした。

猛勉強の成果が出て、よかったですね。

よく考えてください。4月と9月の模試は主催者が異なるのですから、受験生の顔ぶれもかなり異なるのは間違いありません。

**偏差値は集団の中の相対的なポジションを数値化したものですから、メンバーの異なる集団の偏差値は比較できません。**

ああそうか！

言いかえると、偏差値の推移を参考にしていいのは、自分の通っている学校のように、集団のメンバーが固定されている場合に限られます。

コラムまんが

# 高橋先生のデータは超!! キレイ

## 3日目の授業でわかったこと

- データは、「数量データ」（量的データ）と「カテゴリカルデータ」（質的データ）の2つに分けられる。
- データの散らばり具合を表す指標として、「平方和」と「分散」と「標準偏差」がある。

| | |
|---|---|
| 平方和 | (個々のデータ - 平均)$^2$を足したもの |
| 分散 | $\frac{\text{平方和}}{\text{データの個数}}$ |
| 標準偏差 | $\sqrt{\text{分散}}$ |

- 分散には「不偏分散」という種類もある。
- データを小さな順に並べたときに、ちょうど真ん中にくる値を「中央値」と言う。
- 平均よりも中央値のほうが、異様に大きかったり小さかったりするデータがある場合に役立つ。
- 「基準化」は、単位が異なったり満点が異なったりする変数の規格を揃えるデータ変換である。「標準化」とも言う。
- 基準化されたデータを「基準値」や「標準得点」などと言う。

# 4日目

# データの雰囲気をつかもう！ カテゴリカルデータ編

# カテゴリカルデータの雰囲気は「割合」でつかむべし！

数量データの雰囲気のつかみ方がわかったら、次はカテゴリカルデータです。カテゴリカルデータでは「割合」がキーワードです。

## ⇨カテゴリカルデータの雰囲気のつかみ方は簡単！

昨日の授業は、数量データの雰囲気のつかみ方でした。

今日は、カテゴリカルデータの雰囲気のつかみ方ですね。

そうです。実は今回は、それほど説明することがありません。

じゃあ、もしかして、授業が早めに終わります？

はい。郷さんもだんだん疲れてきたでしょうから、たまにはこんな日があってもいいんじゃないでしょうか。

ご心配いただいて恐縮です（笑）。

## ➪平方和を変形してみよう

昨日の授業で平方和を説明しました。覚えていますか？

平方和っていうのは、いちおうはデータの散らばり具合を数値化するものなんだけど、実際のところはいろいろな分析手法の裏方として活躍しているってやつでしたね。

カテゴリカルデータの雰囲気のつかみ方という本題に入る前に、後々の説明の都合上、平方和の変形について説明しておきます。わりと数学色の濃い話題です。

（授業が早く終わりそうって喜んだところなのに……！！）

どれくらい濃いんですか？　難しい？（怯え）

いいえ、全然。記号を使っての説明なのでアレルギー反応を起こす人もいるかもしれませんけど、中学生レベルです。

（ホッ）それなら大丈夫そうです。

変形の説明に進む前に、次の表を見てください。

個々のデータの右下には数字を添えています。

| | データ<br>$x$ |
|---|---|
| 回答者 1 | $x_1$ |
| 回答者 2 | $x_2$ |
| 回答者 3 | $x_3$ |
| 平均 | $\bar{x}=\dfrac{x_1+x_2+x_3}{3}$ |
| 平方和 | $S_{xx}$ |

なんだかゼッケンみたい。

おもしろい発想ですね〜。
さて平均は、一般的に、$x$ の上に横棒を書いて表します。

すみません、読み方が……？？

**「エックスバー」**です。**アルファベットの上に横棒があったら平均のこと**だと思ってください。

上に横棒があったら平均、と（メモメモ）。

そして平方和について。sum of squares というわけで、$S_{xx}$ と表記します。

$S$ の右下に $x$ を添える意味はわからなくもないんですけど、どうして２つもあるんですか。くどいですね（笑）。

平方和の仲間に**「積和」**というのがあって、たとえば「$x$ と $y$ の積和」は $S_{xy}$ と表記するんです。それとの対比の都合で、$S_{xx}$ なんです。

ではこれらの記号を使って平方和を変形していきます。
平方和は、

**（個々のデータ－平均）$^2$ を足したもの**

でした。先ほどの記号を使うと、

$$S_{xx} = (x_1 - \bar{x})^2 + (x_2 - \bar{x})^2 + (x_3 - \bar{x})^2$$

です。ここまではいいですか？

大丈夫です！

次に、いまの式を変形していきます。

$$
\begin{aligned}
S_{xx} &= (x_1-\bar{x})^2+(x_2-\bar{x})^2+(x_3-\bar{x})^2 \\
&= x_1^2-2x_1\bar{x}+(\bar{x})^2+x_2^2-2x_2\bar{x}+(\bar{x})^2+x_3^2-2x_3\bar{x}+\bar{x}^2 \\
&= x_1^2+x_2^2+x_3^2-2(x_1+x_2+x_3)\bar{x}+3(\bar{x})^2 \\
&= x_1^2+x_2^2+x_3^2-2(x_1+x_2+x_3)\times\frac{x_1+x_2+x_3}{3}+3\left(\frac{x_1+x_2+x_3}{3}\right)^2 \\
&= x_1^2+x_2^2+x_3^2-2\times\frac{(x_1+x_2+x_3)^2}{3}+\frac{(x_1+x_2+x_3)^2}{3} \\
&= x_1^2+x_2^2+x_3^2-\frac{(x_1+x_2+x_3)^2}{3}
\end{aligned}
$$

一見するとゴチャゴチャしていて複雑ですけど……1行ずつじっくり見ていくと、ただ計算しているだけですね。

はい。難しいことはなにもしていません。

さて、いまの平方和は、3人分のデータでした。$n$ 人分のデータでも同様に変形できます。「…」という記号は、省略という意味です。

$$
\begin{aligned}
S_{xx} &= (x_1-\bar{x})^2+(x_2-\bar{x})^2+\cdots+(x_n-\bar{x})^2 \\
&= x_1^2+x_2^2+\cdots+x_n^2-\frac{(x_1+x_2+\cdots+x_n)^2}{n}
\end{aligned}
$$

ようするに、上の式の2行のように、平方和は2つのパターンで表現できるってことですか？

そのとおりです！　この事実を忘れないでおいてくださいね。

## ⇨カテゴリカルデータの雰囲気のつかみ方は超単純！

お待たせしました。ここからが、本日の本題である、カテゴリカルデータの雰囲気のつかみ方の説明です。

お願いします！

ある YouTuber について、「好き」か「嫌い」か「どちらとも言えない」かの 3 択で答えてもらった結果がこれです。

| | あの YouTuber をどう思う？<br>$x$ |
|---|---|
| **回答者 1** | 好き |
| **回答者 2** | 嫌い |
| **回答者 3** | 嫌い |
| **回答者 4** | 好き |
| **回答者 5** | 嫌い |
| **回答者 6** | どちらとも言えない |

こういったカテゴリカルデータの雰囲気のつかみ方は、数量データのそれとは違って、とても単純です。**割合を計算することに尽きます。**表とグラフにまとめると、こんな感じです。

| | 度数 | 割合 |
|---|---|---|
| **好き** | 2 | $\frac{2}{6}$ |
| **どちらとも言えない** | 1 | $\frac{1}{6}$ |
| **嫌い** | 3 | $\frac{3}{6}$ |
| **合計** | 6 | 1 |

$n$=6
0%　25%　50%　75%　100%
好き　どちらとも言えない　嫌い

「度数」って、該当する人数のことですか？

そうです。
というわけで、今日の本題はこれでおしまいです。

えっ、これだけですか？　いくらなんでも早すぎるんじゃあ……。

授業が終わりだと言ったのではありません。本題の説明が終わっただけです。続けて応用の話題をひとつ。

## ⇨2値データは数量データとして扱える！

「好き or 嫌い」「買う or 買わない」といった、**カテゴリーの個数が2つだけのカテゴリカルデータを「2値データ」**と言います。そんな2値データは、本当はカテゴリカルデータなわけですが、まるで数量データであるかのように扱えます。

？？？……ちょっと理解が追いつきません。

まあまあ。この表を見てください。ある中華料理屋のラーメンについて2択で答えてもらった結果です。

| | あそこのラーメンはおいしい？<br>$x$ |
|---|---|
| **回答者1** | いいえ |
| **回答者2** | はい |
| **回答者3** | はい |
| **回答者4** | いいえ |
| **回答者5** | はい |

見ればすぐわかるように、「はい」と答えた人の割合は、$\frac{3}{5}$です。さて、この表の「はい」を1に置き換えて「いいえ」を0に置き換えたのが、こちらです。

| | あそこのラーメンはおいしい？<br>$x$ |
|---|---|
| **回答者1** | 0 |
| **回答者2** | 1 |
| **回答者3** | 1 |
| **回答者4** | 0 |
| **回答者5** | 1 |

置き換えたことを知らされずにこの表を見たら、最初から数量データだったと思うでしょうね。

では、最初から数量データだったとだまされたつもりで、平均を計算してみてください。

はーい。$\frac{0+1+1+0+1}{5}=\frac{3}{5}$。

あっ、**もともとのデータの割合と同じだ！**

そうなんです。それが先ほど言った、2値データはまるで数量データであるかのように扱えるという意味です。

2値データの平方和と分散と標準偏差を計算してみましょう。

■平方和

$$S_{xx}=\left(0-\frac{3}{5}\right)^2+\left(1-\frac{3}{5}\right)^2+\left(1-\frac{3}{5}\right)^2+\left(0-\frac{3}{5}\right)^2+\left(1-\frac{3}{5}\right)^2$$

$$=0^2+1^2+1^2+0^2+1^2-\frac{(0+1+1+0+1)^2}{5}$$

114ページで説明した変形

$$=0+1+1+0+1-\frac{(0+1+1+0+1)^2}{5}$$

$$=(0+1+1+0+1)\left(1-\frac{0+1+1+0+1}{5}\right)$$

(0+1+1+0+1)でくくる

$$=3\left(1-\frac{3}{5}\right)$$

■分散

$$\frac{S_{xx}}{5}=\frac{3\left(1-\frac{3}{5}\right)}{5}$$

$$=\frac{3}{5}\left(1-\frac{3}{5}\right)$$

$$=\bar{x}(1-\bar{x})$$ ←2値データの分散

■標準偏差

$$\sqrt{\frac{S_{xx}}{5}}=\sqrt{\frac{3}{5}\left(1-\frac{3}{5}\right)}$$

$$=\sqrt{\bar{x}(1-\bar{x})}$$ ←2値データの標準偏差

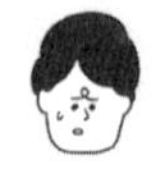

あの〜、中途半端な分数でどれも計算が終わっていて、すごく気持ち悪いような……。もっと計算を進めていって、結果を小数で表しちゃダメなんですか？

ほう。文系の人はそういうところが気になるんですかね。

小数のほうが、雰囲気をつかみやすいというか、リアルが感じられるというか。

たしかに分数は、実務で歓迎されないかもしれませんね。プレゼン資料がわかりづらくなったりとか。でも統計学というか数学では、そのほうが抽象的な計算を進めやすいので、わざわざ小数にはしません。

しないのか……。

覚えておいてほしいのですが、2 値データの分散は必ず $\bar{x}(1-\bar{x})$ で、標準偏差は $\sqrt{\bar{x}(1-\bar{x})}$ です。ちなみに 2 値データを数量データとして扱う話は、後日説明する「母集団の割合の推定」にも出てくるので、お楽しみに！

## ⇨その集計方法、間違いです！

カテゴリカルデータについて 1 点だけ補足します。
余談だと思って、コーヒーでも飲みながら気楽に聞いていただければ。

じゃあ、お言葉に甘えて。

ある高速バスの会社が利用者アンケートを実施したとしましょう。総合満足度をたずねました。選択肢は「とても悪い」「やや悪い」「やや良い」「とても良い」の 4 択です。

質問. この高速バスに対する総合満足度をお聞かせください。
(○は1つだけ)

| 1. とても悪い | 2. やや悪い | 3. やや良い | 4. とても良い |
|---|---|---|---|

| | 総合満足度 |
|---|---|
| 回答者1 | 4 |
| 回答者2 | 4 |
| 回答者3 | 3 |
| 回答者4 | 1 |
| 回答者5 | 3 |

このようなアンケートでデータを得た後に、各選択肢を「とても悪い」から順に1点、2点、3点、4点と置き換えて、平均を計算したりするわけです。

今回のケースだと、回答者1から回答者5までの合計は15点。人数が5ですから、平均は3点。「総合満足度の平均は3点だった」と結論づけるわけです。

はい（ズズー）。

**そのような計算をする行為は誤りであり、許されません。**

**ブッ！　全然余談じゃないし（笑）。**
みんな普通にやってそうですけど……。

やってはいけません。

**このような段階的評価のデータを、足したり引いたり掛けたり割ったりするのはダメです。**

どうしてですか？

たとえば、回答者１はドーナツを４個食べたとします。

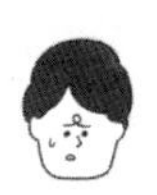

なんでいきなりドーナツ!?

いいから聞いてください。回答者１はドーナツを４個食べたとします。回答者２も４個食べたとします。

２人の食べた個数は、当たり前ですが、「完全に等しい」です。

さて、先ほどのアンケートで、回答者１は「とても良い」にマルをつけています。回答者２も「とても良い」にマルをつけています。２人が心の中で感じた「とても良い」という感覚は、「完全に等しい」でしょうか？

2人は別人なのだから、心の中で感じた「とても良い」という感覚が「完全に等しい」だなんてありえませんよ。

そうですよね。4択の中からどれかを選ばなければならないという制約があったから、2人ともたまたま「とても良い」にマルをつけたにすぎないんです。

となると、**回答者1と回答者2のデータを一律に4点に置き換えるのは、不適切**ですね。

ああそうか……！

同様に、回答者1から回答者5までのデータを点数に置き換えて、5人の平均を計算するのも不適切です。

なるほど。腑に落ちました！

それはよかった。
でも実はですね、**本当はやってはいけないことなのに、こういった置き換えはあちこちで当然のようにやられているんです。**学術論文でも、です。

そうなんですか⁉　どうして？

私見ですが、段階的評価のデータの数値化を試み始めた当初の人々には、「本当は良くないことだ」という共通認識がちゃんとあったんじゃないかと思うんです。それと同時に、「この行為は、研究やビジネスを柔軟に進めるための、必要悪なんだ」という共通認識もあったんじゃないかと。

最初は負い目があったと。

それがだんだんと「あの有名大学のあの先生の論文でも数値化しているから大丈夫！」といった感じで世間に広まっていき、気づいたら、「必要悪」ではなく「正しい行為」と受け取られるようになってしまったのではないかと私は想像しています。

その流れを止めるのは、かなり厳しいんじゃないですか。

この本が100万冊売れれば、本当は良くないことらしいという空気が少しは広がるかもしれません（笑）。

高橋先生の数字の見方

# 「選挙には行ったほうがいい」のお話

下図は、総務省による、知事選挙の投票率ベストとワーストの記録です。

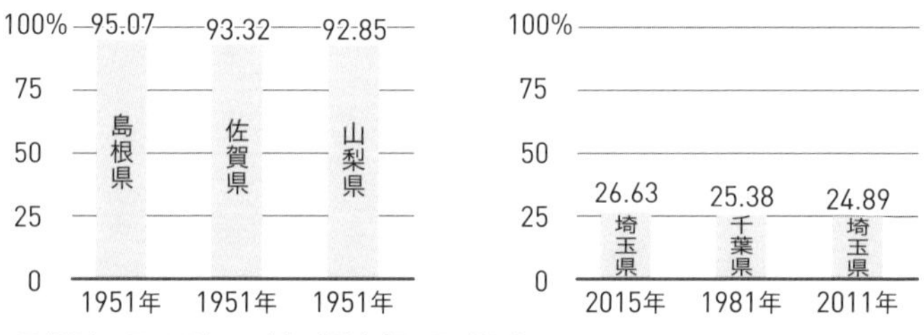


※平成31年2月4日現在　※出典：総務省「目で見る投票率」

「選挙には行ったほうがいいです」と言うと、「どうせ行ったところで世の中は何も変わらない」と返す人が必ずいます。たしかに変わらないかもしれません。でも、変わるかもしれないのです。

たとえば、ある選挙区で、与党系であるAさん、野党系であるBさんとCさんという、3人が立候補したとしましょう。その選挙区の有権者は100人です。選挙の結果、30票を得たAさんが当選しました。なお投票率は、

$$\text{投票率} = \frac{\text{投票者の人数}}{\text{有権者の人数}} = \frac{60}{100} = 60\%$$

でした。100人からなる有権者のうちの40人が選挙に行かなかったわけです。

A　B　C　非投票者
30 ＋ 20 ＋ 10 ＋ 40

では、もし選挙に行かなかった40人のうちの20人が選挙に行き、投票率が80%だったら、どうなるでしょう。

$$\frac{投票者の人数}{有権者の人数} = \frac{80}{100} = 80\%$$

選挙に行かなかった40人のうちの20人が選挙に行き、野党系であるBさんに投票していたら……。

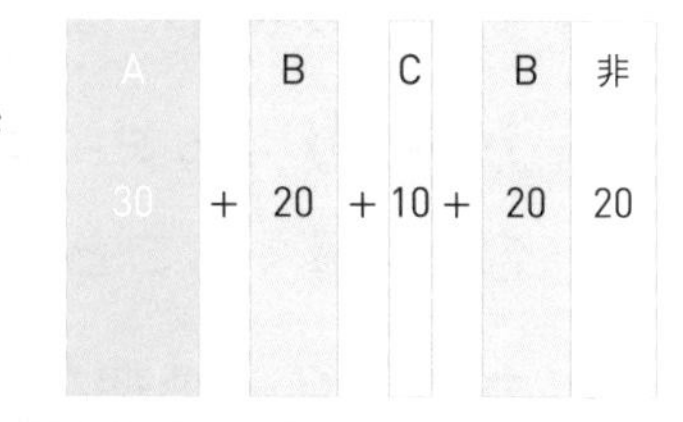


この場合の当選者は、30票を得たAさんでなく、(20＋20) 票を得たBさんです。

選挙に行かなかった40人のうちの20人が選挙に行き、野党系であるCさんに投票していたら……。

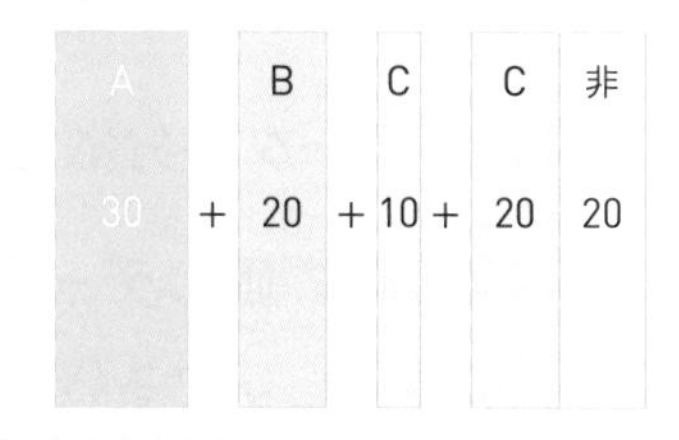


この場合は、AさんとCさんが同数で並びます。

いずれも、選挙に行かなかったうちの20人全員が、野党系の特定の候補者に投票していたらという仮定でした。この仮定は現実には成立しないでしょう。

そうは言っても、選挙に行く人が多ければ当選者が変わる可能性もある、それはわかってもらえたと思います。選挙には行ったほうがいいのです。

## 4日目の授業でわかったこと

- $x$ の平均は、$\bar{x}$ と表記する。
- $x$ の平方和は、$S_{xx}$ と表記する。
- 平方和の表現には2通りある。
- カテゴリカルデータの雰囲気のつかみ方は、割合を計算することに尽きる。
- カテゴリーの個数が2つだけのカテゴリカルデータを「2値データ」という。
- 2値データは、数量データとして扱える。
- 2値データの分散は、$\bar{x}(1-\bar{x})$ である。
- 段階的評価のデータを足したり引いたり掛けたり割ったりする行為は、本当は適切でない。

# 5日目

# データを可視化する！正規分布

LESSON 1 時間目

# データの雰囲気がひと目でわかる！ ヒストグラムと確率密度関数

**5日目は、さまざまな分析手法の土台となる知識をご紹介。まずは、データの雰囲気がパッとビジュアルでつかめる、ヒストグラムと確率密度関数をみていきましょう。**

## ➪「度数分布表」から「ヒストグラム」を作ろう

今日はですね、**「確率密度関数」**というものを勉強します。

「正規分布」という名前をどこかで聞いたことはありますか？
正規分布は確率密度関数の一種です。
今回の最終的なゴールは、**「正規分布」**と**「標準正規分布」**の理解です。

確率密度“関数”っていうくらいだから、グラフのことですか？

はい。グラフとその式のことだと思ってください。

今日の授業は数学色が強めですが、統計学のさまざまな分析手法の土台となる知識なので、頑張ってついてきてください。

集中します！

ではいきましょう。これは、兵庫県の中学3年生"全員"が受けた、ある英語のテストの結果です。

| | 英語のテスト結果 |
|---|---|
| 生徒1 | 42 |
| 生徒2 | 91 |
| ⋮ | ⋮ |
| 生徒31772 | 50 |
| 平均 | 56 |
| 標準偏差 | 19 |

3万1772人!

多いですよね〜。
これだけたくさんだとデータの雰囲気をつかみづらいので、グラフにしましょう。

どうやるんですか? データを1つずつプロットしていくとか?

**「度数分布表」**という表を作り、それをもとに**「ヒストグラム」**というグラフを描くんです。

ほうほう。

これが度数分布表です。

| 階級 | | | 階級値 | 度数 | 相対度数 | 相対度数/階級の幅 |
|---|---|---|---|---|---|---|
| 以上 | | 未満 | | | | |
| 0 | ～ | 10 | 5 | 86 | 0.00271 | 0.000271 |
| 10 | ～ | 20 | 15 | 648 | 0.02040 | 0.002040 |
| 20 | ～ | 30 | 25 | 2286 | 0.07195 | 0.007195 |
| 30 | ～ | 40 | 35 | 4662 | 0.14673 | 0.014673 |
| 40 | ～ | 50 | 45 | 4922 | 0.15492 | 0.015492 |
| 50 | ～ | 60 | 55 | 3365 | 0.10591 | 0.010591 |
| 60 | ～ | 70 | 65 | 5883 | 0.18516 | 0.018516 |
| 70 | ～ | 80 | 75 | 7181 | 0.22602 | 0.022602 |
| 80 | ～ | 90 | 85 | 2535 | 0.07979 | 0.007979 |
| 90 | ～ | 100 | 95 | 200 | 0.00629 | 0.000629 |
| 100 | ～ | 110 | 105 | 4 | 0.00013 | 0.000013 |
| 合計 | | | | 31772 | 1 | 0.1 |

まず注目してほしいのが左の欄。「0 点以上 10 点未満」「10 点以上 20 点未満」といったように区切っていますね。これらの区間のことを**「階級」**と言います。
そして各階級の長さのことを**「階級の幅」**と言います。この例では、10 です。

「階級の幅」は分析者が自由に決めていいんですか？

いいんです。

柔軟！

で、「階級」の右隣にある**「階級値」**とは、階級の真ん中の値のことです。

はい。

さらにその右隣の**「度数」**とは、各階級に該当するデータの個数のことです。
そして各階級の度数が全体の何割にあたるかが**「相対度数」**です。

なんか、覚えることがワッときましたね……。

たしかに覚えることはいくつもありますけど、それぞれの意味は難しくありませんから落ち着いて。

ああ、それともうひとつ。度数分布表には本来含まれないのですが、今後の説明の都合上、「$\frac{相対度数}{階級の幅}$」も書き加えておきました。右端の欄です。

ええと「0点以上10点未満」の相対度数は0.00271だから、階級の幅が10なので、「$\frac{相対度数}{階級の幅}$」は$\frac{0.00271}{10} = 0.000271$ってことですね？

そのとおりです。
この度数分布表をもとに「ヒストグラム」というグラフを描きました。これがそうです。

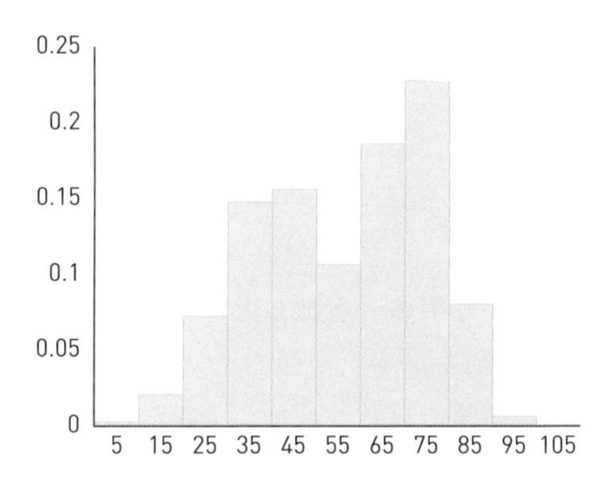

このヒストグラムの横軸は「英語のテスト結果」です。階級の幅が 10 なので棒の幅も 10 です。5、15、25 と振ってある目盛りは、階級値です。

テストって 100 点満点ですよね？　右端の 105 っていうのは……？？

100 点を取った人のために、100 点以上 110 点未満という階級が設けてあるんです。その階級値が 105 です。

ああ、そういうことですね。

ヒストグラムの縦軸は「相対度数」。
で、こうやってヒストグラムを描くと、「75 点ぐらいの人がいっぱいいるな」といったことが一目瞭然です。

データの雰囲気が一発でわかりますね！

さて、いまの縦軸を、説明の都合上、「相対度数」から「$\frac{相対度数}{階級の幅}$」に変更します。

……。

「なぜ？」という顔をされていますが、ひとまず飲み込んでください。

はい……。

確認です。たとえば「0 点以上 10 点未満」の相対度数は 0.00271 ですから、階級の幅が 10 なので、棒の高さである$\frac{相対度数}{階級の幅}$は 0.000271 です。

はい。

階級の幅を現在の 10 から狭めていくとヒストグラムの形状がどうなるか、たしかめてみましょう。
これを見てください。

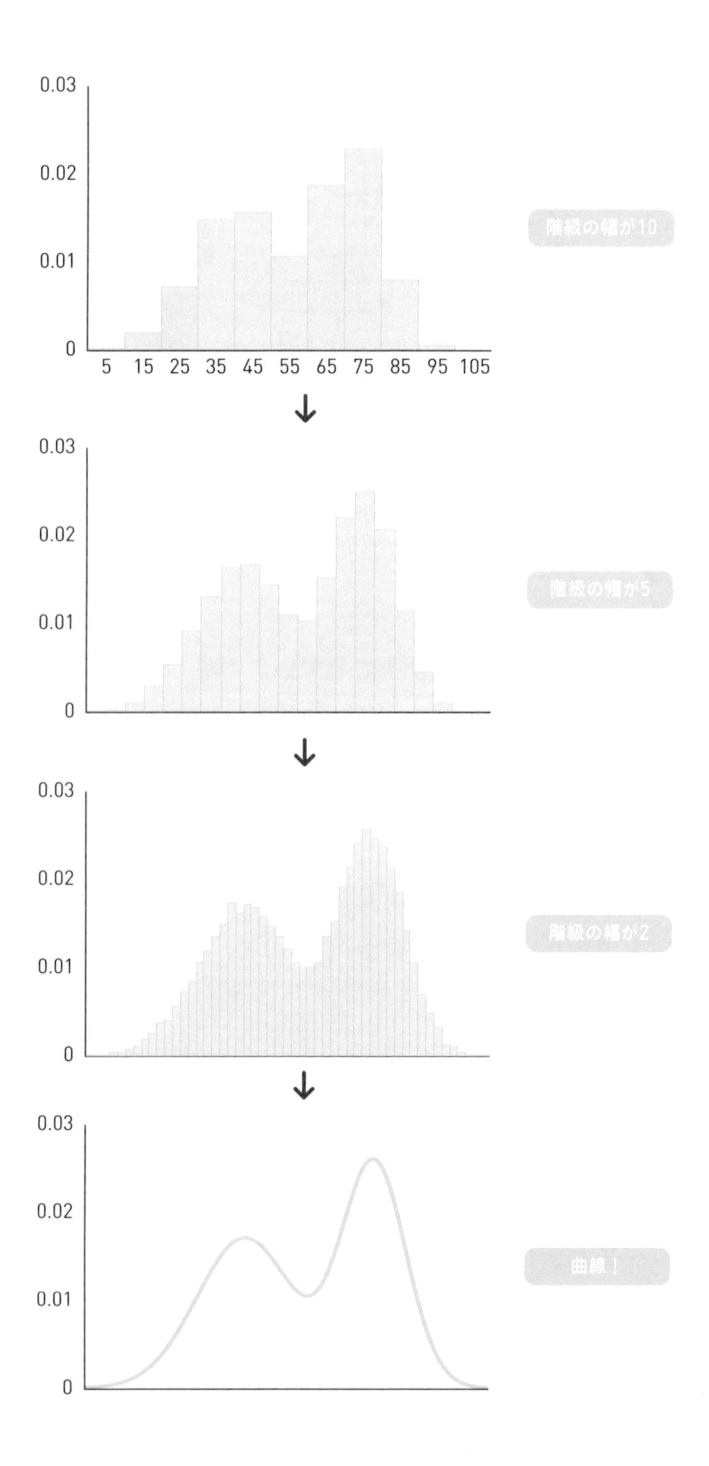
0.03
0.02
0.01
0
5
15
25
35
45
55
65
75
85
95
105
階級の幅が10
階級の幅が5
階級の幅が2
曲線！

この、**階級の幅を狭めていって最終的に到達する曲線の式**、それが**「確率密度関数」**です。

うーん……。基本的には理解したつもりですけど、疑問があります。

なんでしょう？

この例ではテストの点数が相手だから、階級の幅を1よりも小さく狭められませんよね。だから、棒の頂上を線で結んでもカクカクして、**曲線にならないのでは……？**

**バレましたか！** この例ではたしかに曲線に行き着きません。でも、ほぼ曲線なのは間違いないわけですから、大目に見てください。

## ⇨確率密度関数のグラフと横軸とで挟まれた部分の面積は1

確率密度関数には重要な特徴があります。**確率密度関数のグラフと横軸とで挟まれた部分の面積は、必ず1**なんです。

必ず、ですか？

必ず、です。説明します。先ほど描いた最初のヒストグラムである、階級の幅が10で縦軸が相対度数のものを思い出してください。
すべての棒の面積を求めてみましょう。どの棒も、横幅は10ですし、高さは相対度数です。ですからすべての棒を積み上げると、**横幅が10で高さが1の長方形**になります。

というわけで、すべての棒の面積は、**10 × 1 = 10** です。ここまではいいですか？

はい。

次に、そのヒストグラムの縦軸を、相対度数から$\frac{\text{相対度数}}{\text{階級の幅}}$に変えます。すべての棒の面積を求めてみましょう。

どの棒も、横幅は10ですし、高さは$\frac{\text{相対度数}}{\text{階級の幅}}$です。ですからすべての棒を積み上げると、**横幅が10で高さが$\frac{1}{10}$の長方形**になります。

というわけで、すべての棒の面積は、$10 \times \frac{1}{10} = 1$ です。

たしかに。

最後に、階級の幅が2で縦軸が$\frac{\text{相対度数}}{\text{階級の幅}}$の場合を考えます。すべての棒の面積を求めてみましょう。

どの棒も、横幅は2ですし、高さは$\frac{\text{相対度数}}{\text{階級の幅}}$です。ですからすべての棒を積み上げると、**横幅が2で高さが$\frac{1}{2}$の長方形**になります。

というわけで、すべての棒の面積は、**$2 \times \frac{1}{2} = 1$** です。

このように考えてくれば、確率密度関数のグラフと横軸とで挟まれた部分の面積は必ず1だとわかるはずです。

よくわかりました！

# 正規分布をマスターしよう！

確率密度関数には重要なものがいくつかあります。最も重要な正規分布について、たっぷり時間をかけてご紹介します。

## 重要な確率密度関数を覚えよう

ヒストグラムの階級の幅をキューっと狭めた究極の姿が確率密度関数のグラフなんだから、たくさんの形状がありえますよね。グネグネしまくっているやつとか。

そのとおりです。無限の可能性があると言っていいでしょう。それらのうち、統計学では、学術的に重要だとされている確率密度関数がいくつかあります。たとえば**「t 分布」**というものがそうです。

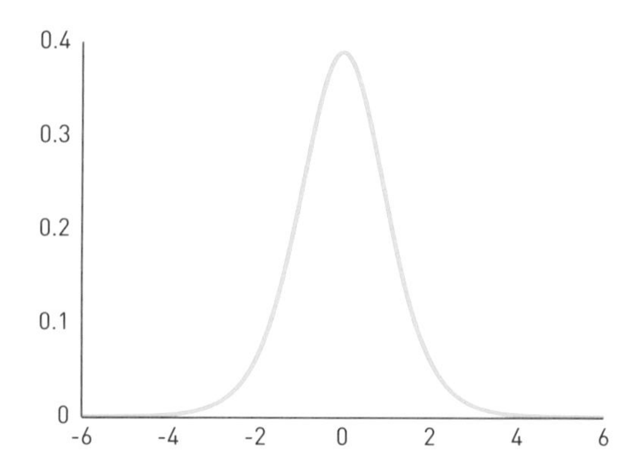

きれいに左右対称ですね。

はい。*t* 分布は、母集団の平均についての推論で活躍します。
他には、**「*F* 分布」**も重要です。

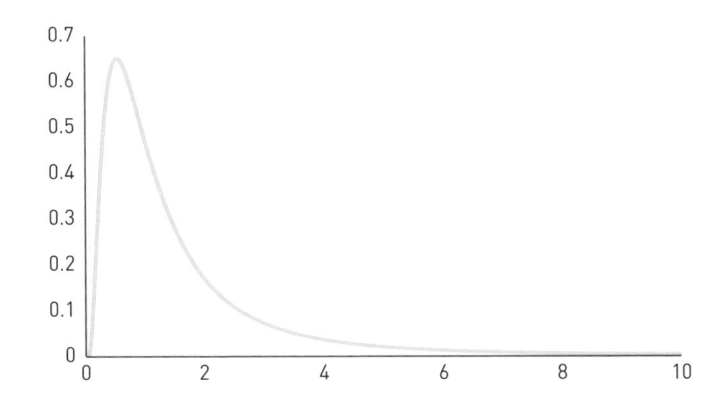

いびつな形をしていますね。

*F* 分布も、母集団の平均についての推論で活躍します。

へーっ。

*t* 分布も *F* 分布も重要なんですが、最も重要なのが、**「正規分布」**です。
次のグラフは、平均が 53 で標準偏差が 10 の正規分布です。

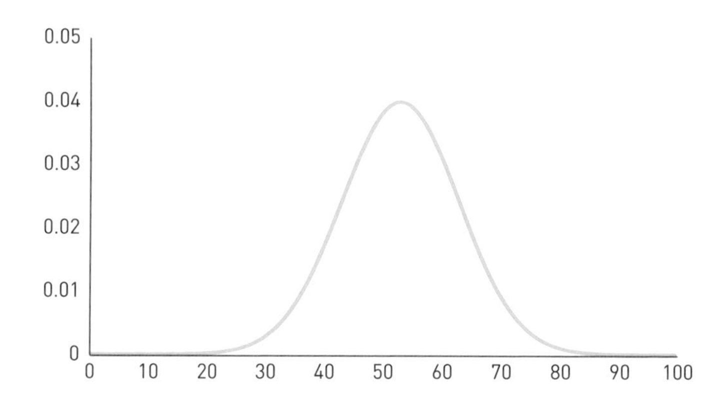

$t$ 分布と似ていますね。きれいに左右対称だ。

そうです。正規分布のグラフの形状には次の特徴があります。

- **平均を境に左右対称である**
- **平均と標準偏差の影響を受ける**

グラフを見てもらったほうが早いと思います。

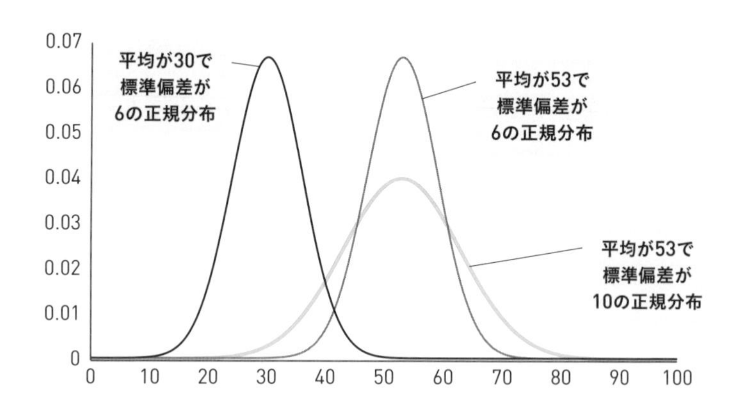

ほうほう。そうか、**標準偏差が小さいっていうのはデータの散らばり具合が小さいことだから、それで山の裾野が狭くなる**んですね。

そうです。
ここで統計学特有の言い回しを紹介します。たとえば「愛知県の中学 3 年生“全員”の数学のテスト結果」でヒストグラムを描き、その階級の幅をキューっと狭めた究極の姿が「平均が 53 で標準偏差が 10 の正規分布」のグラフに一致するとします。

その状況を統計学では、**「数学のテスト結果は、平均が 53 で標準偏差が 10 の正規分布にしたがう」**と表現します。

なんですか、その、「したがう」って。

独特な表現ですけど、**お作法なので、そういうものだと割り切ってください。**

今の「したがう」だけはちょっと引っかかりましたけど、今日の授業はそこまで難しくないですね。

いえ、**安心するのは次の話を聞いてからにしてください。**

文系の人にはハードルがちょっと高いかもしれないんですが……そうしないと話が進まないので、正規分布のグラフの式をお見せします。はい。

$$f(x)=\frac{1}{\sqrt{2\pi}\times 標準偏差}\exp\left\{-\frac{1}{2}\left(\frac{x-平均}{標準偏差}\right)^2\right\}$$

ぐおぉぉ！
すいません、シャットダウンしていいですか……？

わかるように説明するので、ちょっと待って！（笑）

まずは「$f(x)=$」ですが、これは「このグラフの式はどういうものかと言うと……」という意味だと思ってください。
たとえば２次関数って $y=ax^2+bx+c$ って書きますけど、$f(x)=ax^2+bx+c$ と書いてもいいんです。

なるほど。じゃあ、「**exp**」って？

ネイピア数です。

ネイピア数ってたしか、初日の授業で出てきましたね！（ほとんど覚えてないけど……）

2.7182…と永遠に続く数字です。そもそもネイピア数ってなにかというと、**「$n$ が無限大である場合の $\left(1+\frac{1}{n}\right)^n$」**のことなんです。理系の世界では当たり前のように使われます。

いま、強烈なアウェー感を味わっております……。

いますぐに、この式を完全に理解しようと思わなくていいです。少しずつ慣れていっていただきたいなと。

それで、exp の右横にあるカッコですけど……。

気づかなかった（笑）。

これは、**ネイピア数の何乗**という意味です。たとえば exp(3) は、$e^3$ を意味します。かっこの中身がゴチャゴチャしていて読み間違う可能性がある場合に、exp で表記する傾向にあります。というわけで、正規分布の説明は以上です。

はーい。（終わった……ホッ）

## ⇨正規分布に一致するデータは存在する？

ところで、何かのデータを相手にヒストグラムの階級の幅をキューっと狭めたら、その究極の姿が正規分布のグラフに「完全に」一致する、そんなことが現実にありうるんですか？

**ありえません。**

ですよね。

でも、一致すると見做せる場合もあるだろうと判断するのは、そこまでおかしな話ではないと思いませんか。
たとえば「神奈川県の高校１年生男子“全員”の身長」とか「京都府の小学４年生女子“全員”の50m走のタイム」とか。

たしかに。

私たちは、よほどの場合でないかぎり、母集団のデータを得られません。得られないから困っているわけだし、困っているから統計学の力を借りようとするわけです。

で、統計学では、**「正規分布にしたがうと見做せる」という前提のもと**、いろいろな分析手法が考案されています。

どう考えても絶対に正規分布にしたがいそうにない場合はどうするんですか？

答えづらい、厳しい質問です。それに応じた分析手法で料理するとかですね。

## 特別な正規分布「標準正規分布」

正規分布のなかでも、**平均が 0 で標準偏差が 1 の正規分布**のことを、特別に**「標準正規分布」**と言います。

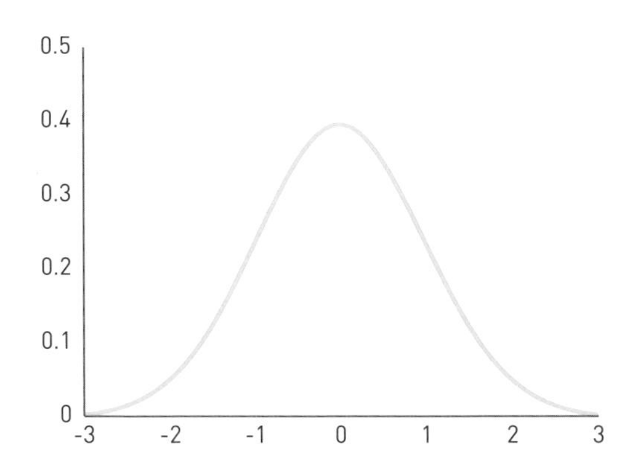

ふーん。結局は正規分布でしかないのに、どうしてこれだけ特別扱いするんですか？

素晴らしい質問です。ここで基準化の出番なんです。

基準化って、たしか標準化とも呼ばれていて、えーっと……。

おや、忘れてしまいましたか。こうです。

・満点が何点の変数であろうと、
基準化すると、その基準値の平均は０で
標準偏差は１。
・どのような単位の変数であろうと、
基準化すると、その基準値の
平均は０で標準偏差は１。

ああ、そうでした。

**基準化で、普通の正規分布を標準正規分布に変換できる**んです。
たとえば「愛知県の中学３年生“全員”の数学のテスト結果」は、
平均が 53 で標準偏差が 10 の正規分布にしたがうとします。

| | 数学のテスト結果 |
|---|---|
| 生徒 1 | 78 |
| 生徒 2 | 54 |
| ⋮ | ⋮ |
| 生徒 67146 | 47 |
| 平均 | 53 |
| 標準偏差 | 10 |

**平均が 53で標準偏差が 10の正規分布**

$$f(x)=\frac{1}{\sqrt{2\pi}\times 10}\exp\left\{-\frac{1}{2}\left(\frac{x-53}{10}\right)^2\right\}$$

0.05
0.04
0.03
0.02
0.01
0
0 10 20 30 40 50 60 70 80 90 100

「数学のテスト結果」を基準化すると、こうです。

| | 数学のテスト結果 | | 「数学のテスト結果」の基準値 |
|---|---|---|---|
| 生徒 1 | 78 | → | $\frac{78-53}{10}=\ 2.5$ |
| 生徒 2 | 54 | → | $\frac{54-53}{10}=\ 0.1$ |
| ⋮ | ⋮ | ⋮ | ⋮ |
| 生徒 67146 | 47 | → | $\frac{47-53}{10}=-0.6$ |
| 平均 | 53 | → | 0 |
| 標準偏差 | 10 | → | 1 |

ということは「数学のテスト結果」の基準値は、平均が 0 で標準偏差が 1 の正規分布に、つまり標準正規分布にしたがいます。

| | 「数学のテスト結果」の基準値 |
|---|---|
| 生徒 1 | $\frac{78-53}{10}=\ 2.5$ |
| 生徒 2 | $\frac{54-53}{10}=\ 0.1$ |
| ⋮ | ⋮ |
| 生徒 67146 | $\frac{47-53}{10}=-0.6$ |
| 平均 | 0 |
| 標準偏差 | 1 |

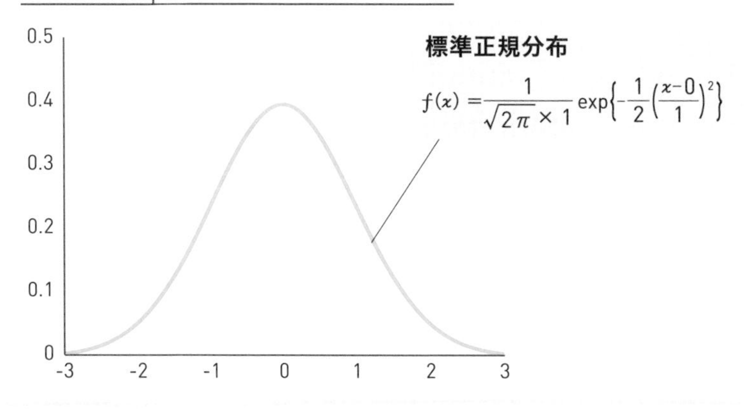

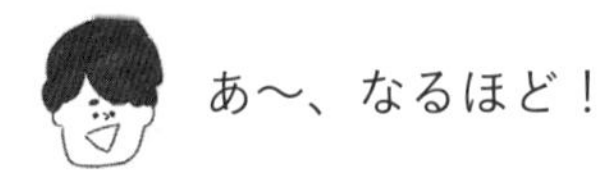

あ〜、なるほど！

## ➪標準正規分布の特徴をつかもう！

さて、標準正規分布の重要な特徴を紹介します。
**下図の黒色部分の面積は 0.95 です。**
明日の授業と関係するので必ず覚えてください。

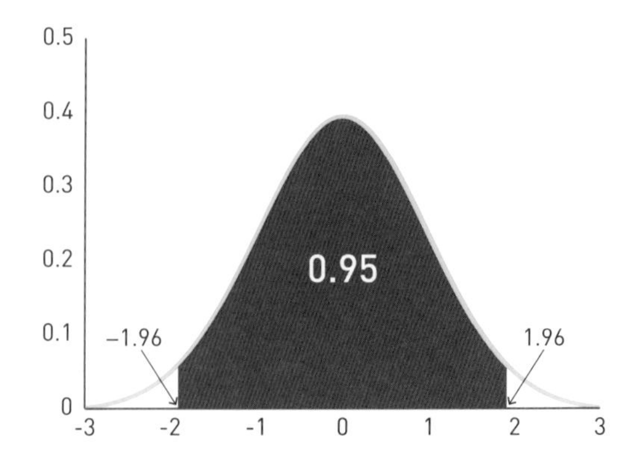

**標準正規分布のグラフと横軸とで挟まれていて、しかも「マイナス 1.96 以下の部分」と「プラス 1.96 以上の部分」を除いた部分の面積**ってことですね。

そうです。
ちなみに、**標準正規分布のグラフと横軸とで挟まれていて、しかも「マイナス 2.58 以下の部分」と「プラス 2.58 以上の部分」を除いた部分の面積は、0.99** です。

へーっ。
ところでさっきから気になってるんですけど、標準正規分布っ

て、横軸がマイナス3からプラス3までしか存在しないんですか？

いえいえ。描画の都合で裾野を切っているだけで、本当はマイナス無限大からプラス無限大まで存在します。

## ➪面積＝割合＝確率

最後に、正規分布をはじめとする確率密度関数全般におけるというか、統計学全般における非常に重要な考え方を説明します。

なんでしょう。

確率密度関数のグラフと横軸とで挟まれた部分の面積は1であるという話はすでにしましたね。

はい、ちゃんと覚えています！

実は確率密度関数のグラフと横軸とで挟まれた部分の面積は、**割合とも同一視できますし、確率とも同一視できる**んです。

えっ、どういうことですか？

例を挙げますね。たとえば佐賀県の中学2年生“全員”がある国語のテストを受けたところ、平均が45で標準偏差が10の正規分布にしたがうことがわかったとしましょう。

はい。

次の図は、平均が 45 で標準偏差が 10 の正規分布のグラフです。このグラフの黒色部分、つまりちょうど右半分の部分の面積が 0.5 なのはわかりますか？

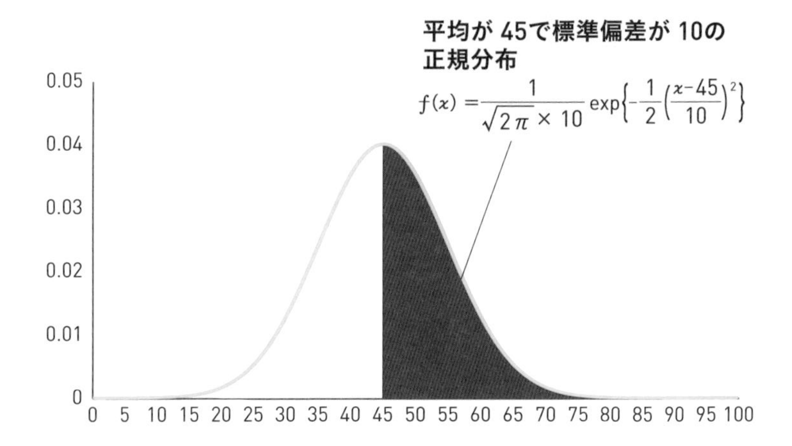

わかります。正規分布は左右対称だから、1 の半分ってことですもんね。

そうです。右半分の部分の面積が 0.5 ってことは、**「得点が 45 点以上だった受験者の割合は、受験者全員の 0.5 を占める」**ってことですよね。

そうですね。

つまり**「受験者全員から無作為に 1 人を抽出したなら、その受験者の得点が 45 点以上であった確率は 0.5 である」**とも言えますね。

なるほど！　言われてみれば、たしかにそうですね。

これが、面積と割合と確率が同一視できるという意味です。

**「面積」という言葉が出てきたら、今後は「割合」「確率」という言葉に脳内変換してください。**

脳内変換って言われても……。すぐには難しそうです（苦笑）。

少しずつ慣れていきましょう！

## ➪確率密度関数の硬派な定義

今日の授業はこれで終わりです。

なんだか今回は長く感じたな～。でも、本格的な統計学に近づいているような気がして、ワクワクしました。

**これでだいぶ統計学がわかってきたような⁉**

郷さん実は……。

はい？

ここまでの確率密度関数の説明は、わかりやすさを優先したため、厳密性に乏しいんです。

そうだったんですか⁉　前半はそうでもなかったけど、後半は十分すぎるくらい数学的だと思いましたけど……。

せっかくの機会なので、いまから、確率密度関数のもっとしっかりした説明をします。**興味のない人は読まずにとばしてかまいません。**明日の授業でお会いしましょう。

**正直つらいですが**、私は付き合わせていただきます……！

それでは始めます。次の3つの条件を満たす $f(x)$ が、「$x$ の確率密度関数」です。

1つめ。**「$f(x)$ のグラフが位置する場所は、どれだけ形状がグネグネしていようと、横軸と同じかそれより上である」**こと。
数学的に表現すると、こうです。「≥」は「≧」と同じ意味で、大学ではこちらを使うほうが普通だと思います。

$$f(x) \geq 0$$

0以上……。あ、そうか。ヒストグラムの階級の幅を狭める場面を思い出すと、マイナスなんてありえないですね。

そういうことです。

2つめの条件は、**「$f(x)$ のグラフと横軸とで挟まれた部分の面積は1である」**こと。
数学的に表現すると、こうです。

$$\int_{-\infty}^{\infty} f(x)dx = 1$$

この記号はなんですか？

**「定積分」**というものです。理系なら高校で教わります。読み方は、「マイナス無限大から無限大までの、$f(x)$ の定積分」です。

3つめの条件は、**「$x$ が $a$ 以上 $b$ 以下である確率は、$a$ から $b$ までの $f(x)$ の定積分に等しい」**ということ。
数学的に表現すると、こうです。

$$P(a \leq x \leq b) = \int_a^b f(x)dx$$

$P(a \leq x \leq b)$ っていう記号が、「$x$ が $a$ 以上 $b$ 以下である確率」という意味ですか？

そうです。式の右辺は「$a$ から $b$ までの $f(x)$ の定積分」です。

ああ、この式の左右を見ると、確率と面積は同一視できるっていう話がわかる気がします。

以上が、3つの条件の説明でした。

そこまで難しいとは思いませんでした。

それはよかった。

最後に、確率について補足しておきます。直径5ミリのネジを製造する機械があるとします。意外に思われるかもしれませんが、冷静に想像すればわかるように、**5ミリぴったりのネジが作られることって絶対にありえない**んです。

えっ、そんなことはないでしょう。

いいえ。たしかに、ほぼ5ミリなのは間違いないでしょう。しかしどのネジも、5.003…や4.998…といった具合に、ピッタリ5にはなりえません。

言われてみると、そうですね。

だから実際に製造されるネジの直径を $x$ とすると、
$P(x=5)=0$ なんです。

$x$ が5ミリちょっきりである確率は0だと。

言いかえると、確率を求める必要がある場合には、
$P(4.99 \leq x \leq 5.01)$ みたいに、幅を持たせるんです。

へえ――。

コラムまんが

# 読める？ 読めない？ ギリシャ文字

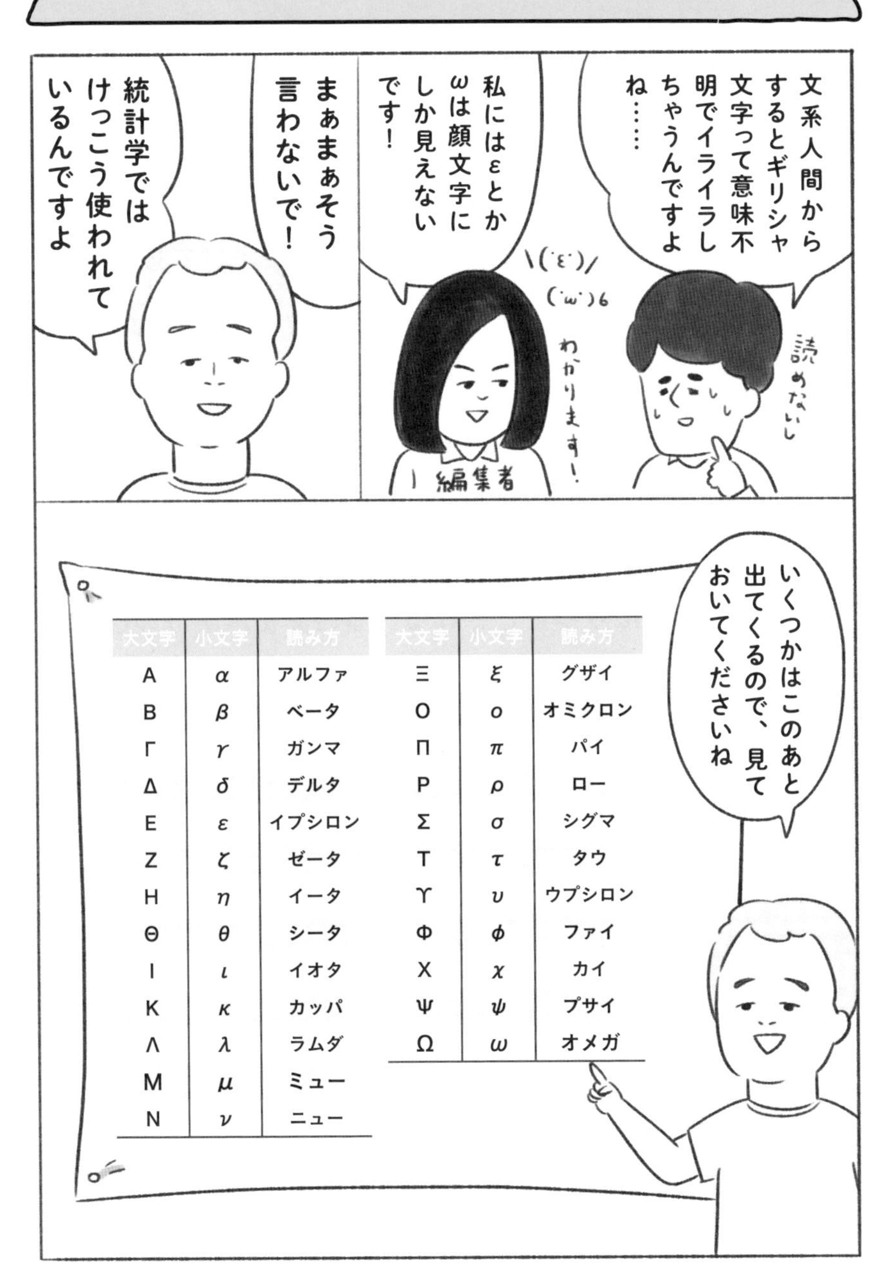


| 大文字 | 小文字 | 読み方 |
|---|---|---|
| Α | α | アルファ |
| Β | β | ベータ |
| Γ | γ | ガンマ |
| Δ | δ | デルタ |
| Ε | ε | イプシロン |
| Ζ | ζ | ゼータ |
| Η | η | イータ |
| Θ | θ | シータ |
| Ι | ι | イオタ |
| Κ | κ | カッパ |
| Λ | λ | ラムダ |
| Μ | μ | ミュー |
| Ν | ν | ニュー |

| 大文字 | 小文字 | 読み方 |
|---|---|---|
| Ξ | ξ | グザイ |
| Ο | ο | オミクロン |
| Π | π | パイ |
| Ρ | ρ | ロー |
| Σ | σ | シグマ |
| Τ | τ | タウ |
| Υ | υ | ウプシロン |
| Φ | ϕ | ファイ |
| Χ | χ | カイ |
| Ψ | ψ | プサイ |
| Ω | ω | オメガ |

## 5日目の授業でわかったこと

- ヒストグラムの階級の幅を狭めていって最終的に到達する曲線の式が「確率密度関数」である。
- 確率密度関数のグラフと横軸とで挟まれた部分の面積は１である。
- 確率密度関数のグラフと横軸とで挟まれた部分の面積は、割合とも同一視できるし、確率とも同一視できる。
- 学術的に重要だとされている確率密度関数の種類として、「$t$分布」「$F$分布」「正規分布」などがある。
- 正規分布のグラフの形状は、平均を境に左右対称であり、平均と標準偏差の影響を受ける。
- 平均が0で標準偏差が１の正規分布を特別に「標準正規分布」と言う。

# 6日目

# 実践！母集団の割合を推定してみよう

Takahashi CLASS

# 標本のデータから母集団の割合を推定しよう！

いよいよ今日からデータの分析に挑戦！　標本のデータから母集団の割合をどうやって推定するのか、ここまでの授業の内容をフルに活用して、ていねいにご説明します。

## ⇨標本のデータから母集団の状況を知ろう

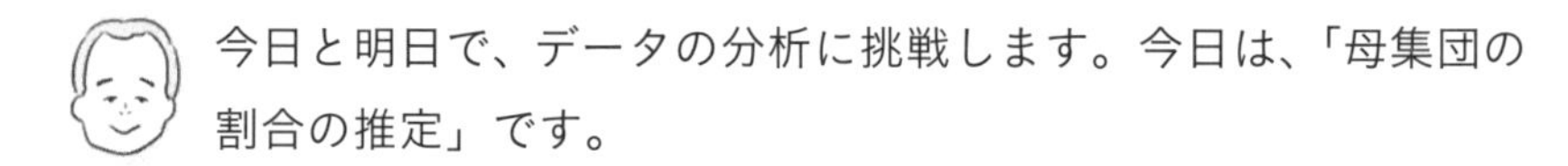
今日と明日で、データの分析に挑戦します。今日は、「母集団の割合の推定」です。

いよいよですね……！

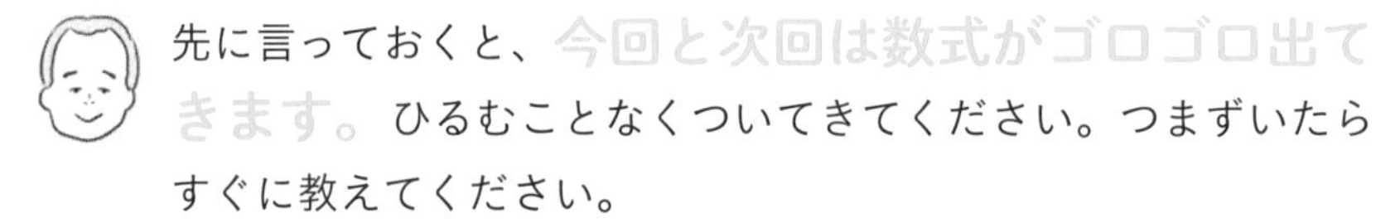
先に言っておくと、今回と次回は数式がゴロゴロ出てきます。ひるむことなくついてきてください。つまずいたらすぐに教えてください。

わかりました！

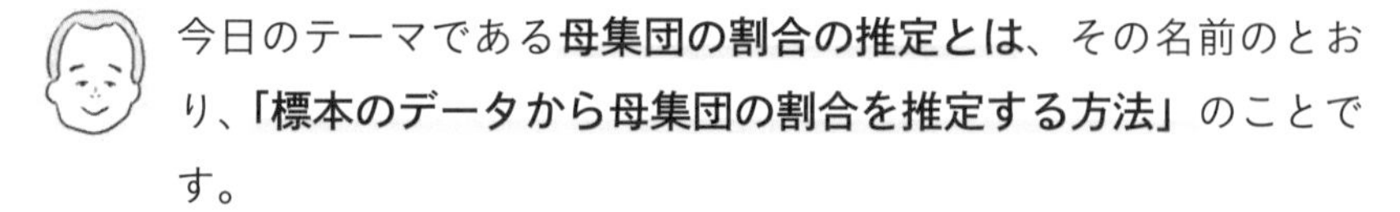
今日のテーマである**母集団の割合の推定とは**、その名前のとおり、**「標本のデータから母集団の割合を推定する方法」**のことです。

はい。

たとえばある新聞社が、日本の有権者全員から無作為に抽出した1600人を対象に、現在の内閣を支持するかどうかをたずねたとしましょう。
「支持する」と答えた人は644人でした。割合で言うと0.4025です。なお、2値データなので、分散なども計算してあります。

| | 現在の内閣を支持しますか？ |
|---|---|
| 回答者1 | 0 |
| ⋮ | ⋮ |
| 回答者1600 | 1 |
| 割合（平均） | $\frac{644}{1600}=\frac{\overbrace{1+\cdots+1}^{644}+\overbrace{0+\cdots+0}^{956}}{1600}=0.4025$ |
| 分散 | $\frac{\overbrace{(1-0.4025)^2+\cdots+(1-0.4025)^2}^{644}+\overbrace{(0-0.4025)^2+\cdots+(0-0.4025)^2}^{956}}{1600}$ $=0.4025(1-0.4025)$ |
| 標準偏差 | $\sqrt{0.4025(1-0.4025)}$ |

で、無作為に抽出した標本での調査結果が40.25％なのですから、母集団における内閣支持率も40.25％くらいだろうと推論するのが自然ですね。

はい。

母集団における内閣支持率の具体的な値は、残念ながら、統計学を駆使してもわかりません。
その代わり、**「『▲以上◆以下』という範囲内におさまっているのは『間違いないだろう』」という推論ならできる**んです。

そういう計算式があるんですか？

あるんです。で、「▲以上◆以下」という範囲を推定する行為のことを**「区間推定」**と言い、推定された範囲のことを**「信頼区間」**と言います。
「間違いないだろう」と思える度合いのことを**「信頼率」**などと言います。

その「信頼区間」っていうのは、さっきの内閣支持率の例だと、いくつ以上いくつ以下なんでしょうか？

説明していきますね。
母集団における内閣支持率のことを、これ以降では、ギリシャ文字の「$\mu$」（ミュー）で表します。信頼率が95％の場合の、$\mu$の信頼区間は以下の式のとおりです。

$$0.4025-1.96\times\frac{\sqrt{0.4025(1-0.4025)}}{\sqrt{1600}}\leq\mu\leq 0.4025+1.96\times\frac{\sqrt{0.4025(1-0.4025)}}{\sqrt{1600}}$$

一見すると難しく感じられるかもしれませんが、よく見ると式に出てくる数値は、**「標本の割合」（0.4025）**と**「標本の人数」（1600）**と、信頼率である95％と連動している**「1.96」**だけです。「1.96」は、標準正規分布の説明のときに出てきた数値（→148ページ）です！

おおお、**習ってきた知識がつながってきてる！**

この式を具体的に計算すると、$\mu$は約 0.3785 以上約 0.4265 以下です。

$$0.3785 \leq \mu \leq 0.4265$$

話をまとめると、**「$\mu$の具体的な値は結局のところわからないけれど、37.85％以上 42.65％以下という範囲内におさまっているのは間違いないだろう」**ということです。

ってことは、標本の内閣支持率が 40.25％だから$\mu$の値もそれくらいだと思っていたら、本当は 38.6％だったとか 42.3％だったなんて可能性があるわけですね。

そのとおりです。

## ⇨信頼区間の公式を導く

先ほどの信頼区間の公式はどこから出てきたのかを説明していきます。

お願いします。

これから実験を試みます。実験するにあたり、日本の有権者全員は 50000 人からなり、そのうちの 38％である 19000 人が内閣を支持していると仮定します。

| | 現在の内閣を支持しますか？ |
|---|---|
| 有権者 1 | 0 |
| ⋮ | ⋮ |
| 有権者 50000 | 0 |
| 割合（平均）$\mu$ | $\frac{19000}{50000}=\frac{\overbrace{1+\cdots+1}^{19000}+\overbrace{0+\cdots+0}^{31000}}{50000}=0.38$ |
| 分散 $\sigma^2$ | $\frac{\overbrace{(1-0.38)^2+\cdots+(1-0.38)^2}^{19000}+\overbrace{(0-0.38)^2+\cdots+(0-0.38)^2}^{31000}}{50000}$ $=0.38(1-0.38)$ |
| 標準偏差 $\sigma$ | $\sqrt{0.38(1-0.38)}=0.4854$ |

はい。

どういう実験かというと、こういうものです。

① 母集団である「日本の有権者全員」から
無作為に 1600 人を抽出する。

② ①の 1600 人における内閣支持率である $\bar{x}$ を調べる。

③ 抽出した 1600 人を母集団に戻す。

④ ①から③までを 10000 回繰り返す。

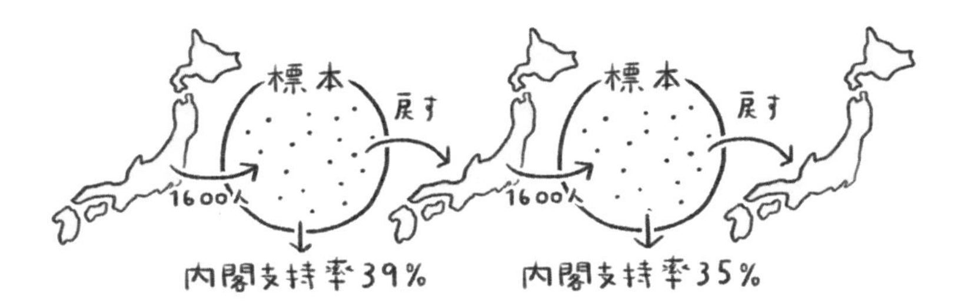

1万回も！

実験の結果をまとめたものが下の表です。1万回のそれぞれの内閣支持率が記載されています。
たとえば102回目に抽出した1600人における内閣支持率は、0.415です。そして1万回の平均は0.3798であり、**$\mu$の値である0.38に似ている。** ここまではいいですか？

| | 抽出された1600人における内閣支持率<br>$\bar{x}$ |
|---|---|
| 1回目 | 0.3869 |
| ⋮ | ⋮ |
| 102回目 | 0.415 |
| ⋮ | ⋮ |
| 10000回目 | 0.3694 |
| 平均 | $0.3798 \approx 0.38 = \mu$ |
| 標準偏差 | $0.0118 \approx 0.0121 = \frac{0.4854}{\sqrt{1600}} = \frac{\sigma}{\sqrt{n}}$ |

大丈夫です。それよりも、表に書いてある、「≈」っていうウニョウニョは何ですか？

「似ている」という意味の記号です。「完全に等しくはないのでイコールが歪んでいる」と解釈すれば覚えやすいですよ。

なるほど。

あらためて表を見てください。1万回の標準偏差は 0.0118 であり、**$\frac{\sigma}{\sqrt{n}}$の値である 0.0121 に似ている。**$\sigma$ は母集団の標準偏差で、$n$ は標本の人数です。

たしかに似ていますね。

1万回の結果のヒストグラムを見てください。縦軸は「$\frac{相対度数}{階級の幅}$」です。

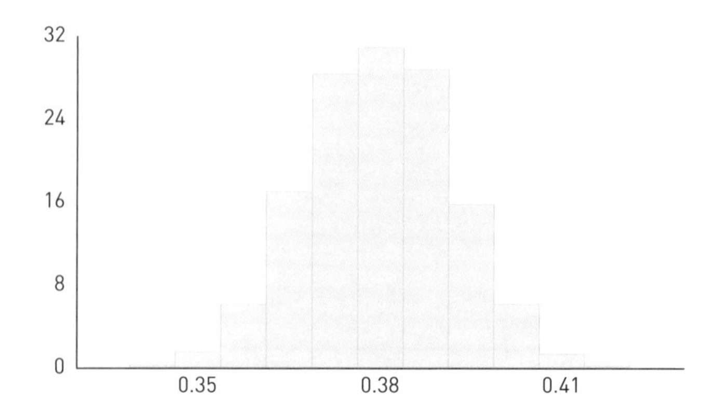

おっ、正規分布っぽいじゃないですか。

そうなんです。話を整理します。
母集団から無作為に標本を抽出しては戻す行為を延々と繰り返すと、そのヒストグラムの階級の幅を狭めた究極の姿は、正規分布のグラフだと見做せます。
その平均は、母集団の割合（平均）である$\mu$に似ています。
標準偏差は、母集団の標準偏差を標本の人数のルートで割った、$\frac{\sigma}{\sqrt{n}}$に似ています。いいですか？

はい、わかりました。

話を続けます。これは、抽出された1600人における内閣支持率である、$\bar{x}$ を基準化した結果です。

| | 抽出された1600人における内閣支持率<br>$\bar{x}$ | $\bar{x}$ の基準値<br>$\frac{\bar{x}-\mu}{\frac{\sigma}{\sqrt{n}}} = \frac{\bar{x}-0.38}{\frac{0.4854}{\sqrt{1600}}}$ |
|---|---|---|
| 1回目 | 0.3869 | $\frac{0.3869\text{-}0.38}{\frac{0.4854}{\sqrt{1600}}} = 0.5666$ |
| ⋮ | ⋮ | ⋮ |
| 102回目 | 0.415 | $\frac{0.415\text{-}0.38}{\frac{0.4854}{\sqrt{1600}}} = 2.8843$ |
| ⋮ | ⋮ | ⋮ |
| 10000回目 | 0.3694 | $\frac{0.3694\text{-}0.38}{\frac{0.4854}{\sqrt{1600}}} = -0.8756$ |
| 平均 | $0.3798 \approx 0.38 = \mu$ | $-0.0137 \approx 0$ |
| 標準偏差 | $0.0118 \approx 0.0121 = \frac{0.4854}{\sqrt{1600}} = \frac{\sigma}{\sqrt{n}}$ | $0.9698 \approx 1$ |

そして $\bar{x}$ の基準値の、縦軸が「$\frac{\text{相対度数}}{\text{階級の幅}}$」のヒストグラムがこれです。

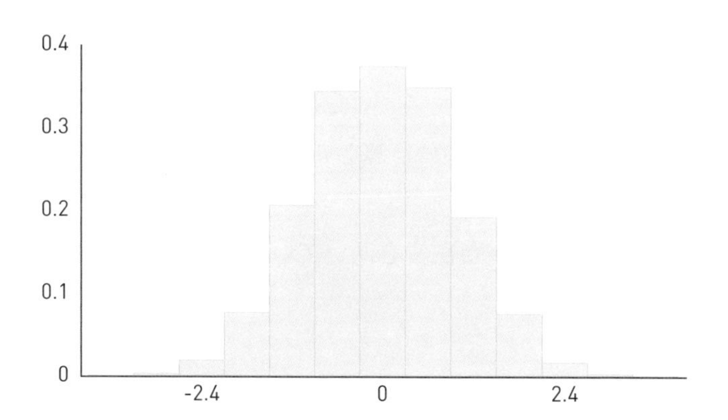

$\bar{x}$が正規分布だと見做せるのだから、$\bar{x}$の基準値も正規分布だと見做せると。

惜しい！　**標準正規分布だと見做せる**のです。

ああ、そうでした！　平均が0で標準偏差が1のやつって、標準正規分布という名前でしたね。

さて郷さんに質問です。$\bar{x}$の基準値である$\frac{\bar{x}-\mu}{\frac{\sigma}{\sqrt{n}}}$が標準正規分布にしたがうと見做せるなら、先ほどの1万回のうち、次の式が成立した割合はいくつでしょうか？

$$-1.96 \leq \frac{\bar{x}-\mu}{\frac{\sigma}{\sqrt{n}}} \leq 1.96$$

**えっ？　えっ？　えっ？（焦）**

式に惑わされないでください。
先ほどの1万回のうち、$\frac{\bar{x}-\mu}{\frac{\sigma}{\sqrt{n}}}$を具体的に計算した値が、つまり$\frac{\bar{x}-0.38}{\frac{0.4854}{\sqrt{1600}}}$を具体的に計算した値が、–1.96から1.96までの範囲内におさまった割合を聞いているんです。

えーっと、$\frac{\bar{x}-0.38}{\frac{0.4854}{\sqrt{1600}}}$のヒストグラムの階級の幅を狭めると標準正規分布のグラフだと見做せるわけだから、標準正規分布の−1.96から1.96までの面積は0.95だったから、「0.95（$=\frac{9500回}{10000回}$)」ですか？

残念！　正解は、「約0.95」です。

意地悪だなあ。「約」がついていてもいなくても、どっちだっていいじゃないですか。（ちぇっ）

いいえ、「約」がつくかどうかは見逃せない点です。
常識的に考えて、繰り返しが1万回であろうと1億回であろうと、よほどの奇跡でも起こらないかぎり、**ピッタリ「0.95（$=\frac{9500回}{10000回}=\frac{95000000回}{100000000回}$)」にはなりえませんよね？**

そう言われればそうか。

1万回のうち、先ほどの式が成立した割合が実際のところいくつだったのか、表にまとめました。

| | | | |
|---|---|---|---|
| **1 回目** | 0.3869 | $\dfrac{0.3869-0.38}{\dfrac{0.4854}{\sqrt{1600}}}=0.5666$ | 1 |
| ⋮ | ⋮ | ⋮ | ⋮ |
| **102 回目** | 0.415 | $\dfrac{0.415-0.38}{\dfrac{0.4854}{\sqrt{1600}}}=2.8843$ | 0 |
| ⋮ | ⋮ | ⋮ | ⋮ |
| **10000 回目** | 0.3694 | $\dfrac{0.3694-0.38}{\dfrac{0.4854}{\sqrt{1600}}}=-0.8756$ | 1 |
| **平均** | $0.3798 \approx 0.38$ $=\mu$ | $-0.0137 \approx 0$ | $\dfrac{\overbrace{1+\cdots+1}^{9622}+\overbrace{0+\cdots+0}^{378}}{10000}$ $=\dfrac{9622}{10000}$ $=0.9622$ $\approx 0.95$ |
| **標準偏差** | $0.0118 \approx 0.0121$ $=\dfrac{0.4854}{\sqrt{1600}}$ $=\dfrac{\sigma}{\sqrt{n}}$ | $0.9698 \approx 1$ | |

0.9622 だから、たしかに「約 0.95」ですね。

さて、先ほどの式を、母集団における内閣支持率である$\mu$が主人公になるよう変形します。

$$-1.96 \leq \frac{\bar{x}-\mu}{\frac{\sigma}{\sqrt{n}}} \leq 1.96$$

↓

$$-1.96 \times \frac{\sigma}{\sqrt{n}} \leq \bar{x}-\mu \leq 1.96 \times \frac{\sigma}{\sqrt{n}}$$

↓

$$-1.96 \times \frac{\sigma}{\sqrt{n}} \leq \bar{x}-\mu \quad \text{かつ} \quad \bar{x}-\mu \leq 1.96 \times \frac{\sigma}{\sqrt{n}}$$

↓

$$\mu \leq \bar{x}+1.96 \times \frac{\sigma}{\sqrt{n}} \quad \text{かつ} \quad \bar{x}-1.96 \times \frac{\sigma}{\sqrt{n}} \leq \mu$$

↓

$$\bar{x}-1.96 \times \frac{\sigma}{\sqrt{n}} \leq \mu \leq \bar{x}+1.96 \times \frac{\sigma}{\sqrt{n}}$$

ここまでの話を整理すると、こうです。

母集団から無作為に標本を抽出しては戻す行為を延々と繰り返す。そのうちで以下の関係が成立する割合は、0.95と見做せる。

$$\bar{x}-1.96 \times \frac{\sigma}{\sqrt{n}} \leq \mu \leq \bar{x}+1.96 \times \frac{\sigma}{\sqrt{n}}$$

囲みの中に書いてある0.95が、「信頼率95％」のことです。

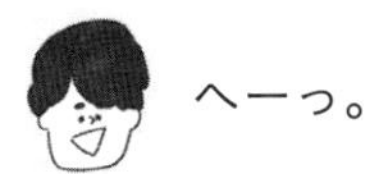

へーっ。

で、$\bar{x}$ は標本の割合だし $n$ は標本の人数である一方で、$\sigma$ は母集団の標準偏差です。
いまの実験では $\sigma$ の値があらかじめ判明していましたけれども、普通は $\sigma$ の値なんてわかりませんよね。

そりゃそうですよ。

そこで統計学では、良く言えば柔軟に、悪く言えばちょっとズルをして、こう解釈します。

**「母集団から無作為に標本が抽出されているのだから、母集団の標準偏差である $\sigma$ と標本の標準偏差である $\sqrt{\bar{x}(1-\bar{x})}$ は大差ないだろう」**と。

もしかして、代用しちゃう？

はい。代用した結果が、こうです。囲みの最終行に書かれているのが、待望の、信頼区間の公式です。

母集団から無作為に標本を抽出しては戻す行為を延々と繰り返す。そのうちで以下の関係が成立する割合は、0.95と見做せる。

$$\bar{x}-1.96\times\frac{\sqrt{\bar{x}(1-\bar{x})}}{\sqrt{n}}\leq\mu\leq\bar{x}+1.96\times\frac{\sqrt{\bar{x}(1-\bar{x})}}{\sqrt{n}}$$

## ➪1回の調査でも信頼区間を信じていい?

さっきの実験では抽出を1万回繰り返しましたけど、現実の主要メディアの調査だと、どの会社も1回だけですよね。

**その調査結果を代入した信頼区間って信用できるんですか?**

郷さんの「信用できるか?」という質問は、信頼区間に$\mu$が本当におさまっているかという意味ですね?

そうです。

おさまっているかどうかは、母集団のデータを入手しないかぎり、誰にもわかりません。
とは言っても、先ほどの実験からわかるように、以下の式が成立「しない」割合は約0.05にすぎません。

$$-1.96 \leq \frac{\bar{x}-\mu}{\frac{\sigma}{\sqrt{n}}} \leq 1.96$$

だとすると、1回だけの調査結果を代入した信頼区間に$\mu$はまず間違いなくおさまっている、そう推論するのが自然な感覚ではないでしょうか。

なるほどぉ。

## ⇨標本の人数、信頼区間、信頼率の関係

標本の人数って、何人くらいが妥当なんですか？　個人的には、20人とかだとそりゃあ少ないでしょうし、1000人いればそこそこ信用できるのかな、ってイメージです。

とてもいい質問です。統計学的な決まりはありません。

ないんですか、意外！

そうは言っても、信頼区間の公式を見ればわかるように、**標本の人数が多いほど信頼区間は狭くなります。**

そうですね。

言いかえると、標本の人数が極端に少ないと、信頼区間がやたらと広くなります。
広くなるということは、**「母集団における内閣支持率である$\mu$の値は『0以上1以下』という範囲内におさまっている、それは間違いないだろう」**みたいな、**使い物にならない結果が導き出される**ということです。

信頼率って常に95％なんですか？　45％だったり83％だったりする場合ってないんですか？

素晴らしい質問です。
信頼率は、**信頼区間が求められた後に「判明するもの」**ではな

くて、**信頼区間を求める前に「分析者が指定すべきもの」**なんです。

じゃあ分析者の判断で、75%とか90%とかにしてもいいんですか？

いいんです。ただし**一般的には95%で、まれに99%です。**なぜかといえば、そういう慣習だからです。
99%を採用したいのなら、95%の場合の「1.96」の部分を「2.58」に置き換えてください。99と2.58は、標準正規分布の特徴の説明（→148ページ）で出てきた数値ですよ。

2.58に置き換えると、信頼区間の幅が広がっちゃいますね。

そうです。**「間違いないだろう」と思える度合いである信頼率を高くすることはつまり、それだけ信頼区間の幅を広げること**を意味します。

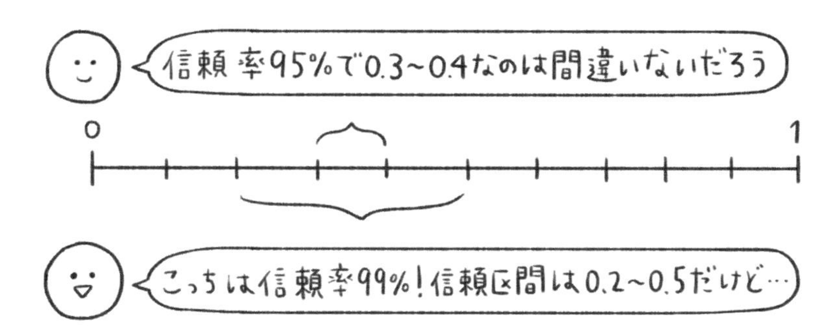

そこのあたりのバランスを考えた結果、信頼率は95%が無難という慣習ができたと。

そうかもしれません。

## ⇨なぜ主要メディアは「信頼区間」を報道しないのか？

以上で母集団の割合の推定の説明を終わります。
いかがでしたか？

理解できました。文系の私でも理解できるくらいなのに、なんで主要メディアの調査では信頼区間を示さないんですかね？

どうしてでしょうね。もしかすると、**無作為抽出ができていないから**かもしれません。

無作為抽出ができていない!?

たとえば内閣支持率の調査方法は、いまはほとんどが電話によるものであるようです。ちなみにその方法を**「RDD 調査」**と言います。RDD は、「ランダム・ディジット・ダイアリング」の略です。

へぇ～。具体的にどうやるんですか？

コンピュータで電話番号をランダムに編み出して、そこに電話をかけるんです。

ランダムなら無作為じゃないですか。

有権者全員が電話を持っているわけではありませんよね。それとは反対に、自分のスマホとは別に、会社から支給されている人なんかもいるでしょうし。

たしかに……。

RDD 調査の母集団はようするに「日本で使われているすべての電話番号」であって、本当の調査相手である「日本の有権者全員」ではありません。

それに、電話に出ない人や出てはくれるけど回答を拒否する人を報道各社が集計時にどう扱っているか、そこも気になりますよね。

たしかに。

そういったあたりが、信頼区間を報道しないというか、信頼区間を計算しようにもできない理由じゃないかと。

単純な話ではないんですね。

そうなんです。

それにしても、RDD 調査って、スマホや家の電話にいきなりかかってくるんですか？

そうです。

私なら絶対に出ませんけどね。

気持ちは理解できます。でも、やや古い2015年3月の資料ですが、NHKや新聞社などからなる携帯RDD研究会（日本世論調査協会会員有志）の「携帯電話RDD実験調査結果のまとめ」によると、意外と電話に出てくれるし、協力もしてくれるようです。

へーっ、世の中わからないものですね。

Rrrring!

## 6日目の授業でわかったこと

- 統計学では、「母集団における割合である $\mu$ の値が『▲以上◆以下』という範囲内におさまっているのは『間違いないだろう』」という推論ができる。
- 「▲以上◆以下」という範囲を推定する行為を「区間推定」と言い、推定された範囲を「信頼区間」と言う。「間違いないだろう」と思える度合いを「信頼率」などと言う。
- 信頼率は、信頼区間が求められた後に「判明するもの」ではなく、信頼区間を求める前に「分析者が指定すべきもの」である。一般的には95%で、まれに99%である。
- 2値データからなる母集団があり、そこから無作為に標本を抽出しては戻す行為を延々と繰り返すと、そのヒストグラムの階級の幅を狭めた究極の姿は、正規分布のグラフだと見做せる。その平均は、母集団の割合（平均）である $\mu$ に似ている。標準偏差は、母集団の標準偏差を標本の人数のルートで割った、$\frac{\sigma}{\sqrt{n}}$ に似ている。

# 7日目

# 実践！重回帰分析をやってみよう

# 回帰分析をマスターしよう！

メジャーな分析手法「重回帰分析」の前に、「回帰分析」をご紹介。
Excelを使って、気になる値を予測できます。

## 回帰分析って?

ついに授業最終日かあ……。それで先生、今日は重回帰分析を教えてもらえるんですよね。

そうです。重回帰分析は、昨日説明した「母集団の割合の推定」とならんで、非常にメジャーな分析手法です。

母集団の割合の推定は、そこまで難しく感じなかったです。

成長しましたね、郷さん（涙）。だったら重回帰分析も大丈夫です。
今日の授業では、重回帰分析の雰囲気をつかんでもらうのが最大の目標なので、**数学的に複雑な部分はなるべくスキップして**いきます。

助かります！（笑）

ただし、理解のしやすさを考慮して、まずは「回帰分析」を説明します。その次に、本題である重回帰分析です。

回帰分析と重回帰分析って何が違うんですか？

ひと言で表現するなら、回帰分析の発展版が重回帰分析です。違いを図で示しました。現時点では、形状の違いだけに注目して、細部は気にしないでおいてください。ちなみに重回帰分析の「重」は、英語の「multiple」です。

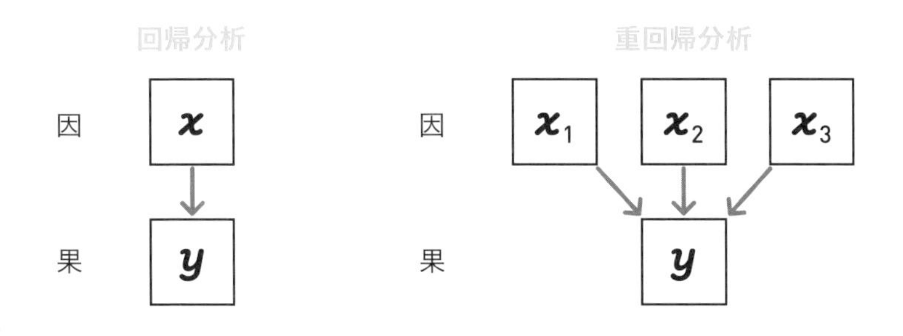

回帰分析は「因」がひとつで、重回帰分析は「因」が複数ある……。「重」の意味がわかった気がします。

それでは回帰分析の説明を始めます。

**「回帰分析」がどういうものかと言うと、「因」と「果」に相当すると思われる変数をひとつずつ用意し、それらの関係をうまく捉えた「回帰式」と呼ばれる $y=ax+b$ を求め、それを利用して $y$ の値を予測するための分析方法です。**

……ちょっと何言ってるかわからない。

サンド富澤です

わかりやすい例をとおして説明を続けるので、ついてきてください。

ここに用意したデータは、ある喫茶店の店長が毎日コツコツ記録したものだと思ってください。記されているのは過去2週間の「最高気温」と「アイスコーヒーの注文数」。
たとえば22日は最高気温が29度で、357杯売れています。一番暑かったのは24日で、この日は420杯売れています。

| | 最高気温（℃）$x$ | アイスコーヒーの注文数（杯）$y$ |
|---|---|---|
| 22日（月） | 29 | 357 |
| 23日（火） | 28 | 288 |
| 24日（水） | 34 | 420 |
| 25日（木） | 31 | 388 |
| 26日（金） | 25 | 272 |
| 27日（土） | 29 | 290 |
| 28日（日） | 32 | 364 |
| 29日（月） | 31 | 346 |
| 30日（火） | 24 | 272 |
| 31日（水） | 33 | 415 |
| 1日（木） | 25 | 238 |
| 2日（金） | 31 | 333 |
| 3日（土） | 26 | 301 |
| 4日（日） | 30 | 386 |
| 平均 | $\bar{x} = 29.1$ | $\bar{y} = 333.6$ |

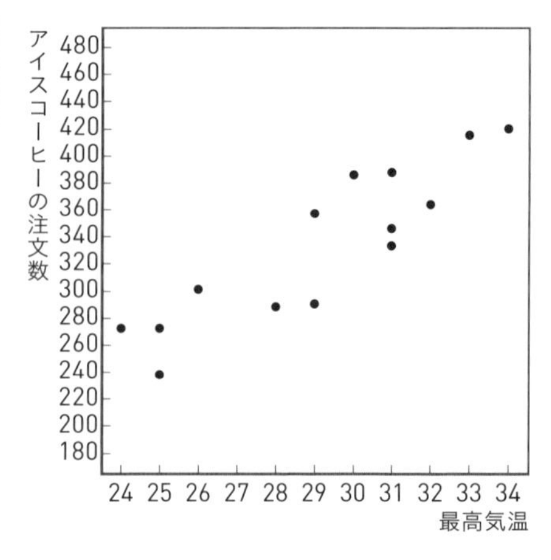

グラフを見ると、右肩上がりですね。

そうですね。横軸は最高気温で縦軸はアイスコーヒーの注文数です。最高気温が高いほどアイスコーヒーが売れているという

傾向がみてとれます。**「最高気温とアイスコーヒーの注文数には因果関係がある」**と判断するのが自然です。

たしかに。

そこで回帰分析をおこないます。すると、次の、**「回帰式」**と呼ばれるものが導き出されます。

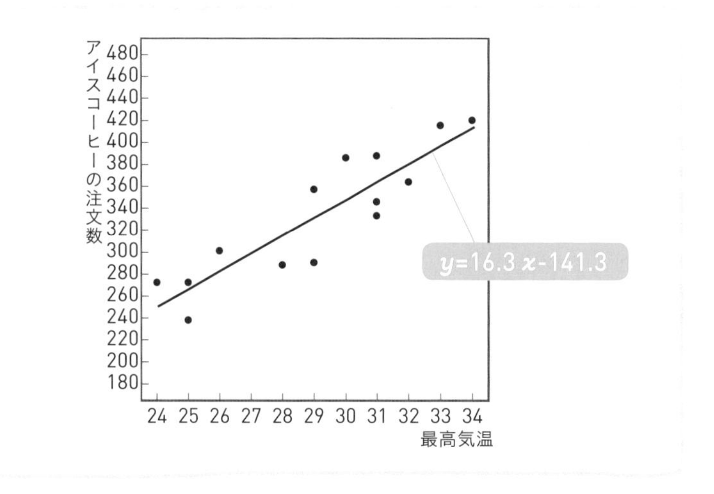

おお！

回帰式はExcelでも導き出せます。やってみましょう。「データ」タブを選択し、「分析」欄の「データ分析」を選んでください。

そんな機能があるんですか？　……ん？　私のExcel、最新ですけど「データ分析」がないです……。

あ、失礼！　デフォルトだとないのかな？
じゃあ、こうしてください。まず、「ファイル」タブを選択し、「オプション」を選択し、「アドイン」を選びます。次に、「管理」欄で「Excelアドイン」を選択し、「設定」をクリック。そして、チェックボックスの「分析ツール」をオンにし、「OK」をクリックします。

……おお、出てきた！

では、仕切りなおして、回帰分析をやってみましょう。
「データ」タブを選択し、「分析」欄の「データ分析」を選ぶと、「分散分析：一元配置」とか「乱数発生」とか、選択肢がいろいろ出てきます。「回帰分析」を選択してください。

選びました。

「入力Y範囲」欄に「アイスコーヒーの注文数」のデータを指定します。「入力X範囲」欄に「最高気温」のデータを指定します。「ラベル」にチェックを入れたら、他は気にしないでOKボタンを押します。

|  | A | B | C | D |
|---|---|---|---|---|
| 1 |  |  | 最高気温 | アイスコーヒーの注文数 |
| 2 | 22日 | (月) | 29 | 357 |
| 3 | 23日 | (火) | 28 | 288 |
| 4 | 24日 | (水) | 34 | 420 |
| 5 | 25日 | (木) | 31 | 388 |
| 6 | 26日 | (金) | 25 | 272 |
| 7 | 27日 | (土) | 29 | 290 |
| 8 | 28日 | (日) | 32 | 364 |
| 9 | 29日 | (月) | 31 | 346 |
| 10 | 30日 | (火) | 24 | 272 |
| 11 | 31日 | (水) | 33 | 415 |
| 12 | 1日 | (木) | 25 | 238 |
| 13 | 2日 | (金) | 31 | 333 |
| 14 | 3日 | (土) | 26 | 301 |
| 15 | 4日 | (日) | 30 | 386 |



↓

|  | A | B | C | D | E | F | G | H | I |
|---|---|---|---|---|---|---|---|---|---|
| 1 | 概要 |  |  |  |  |  |  |  |  |
| 2 |  |  |  |  |  |  |  |  |  |
| 3 | 回帰統計 |  |  |  |  |  |  |  |  |
| 4 | 重相関 R | 0.893044 |  |  |  |  |  |  |  |
| 5 | 重決定 R2 | 0.797528 |  |  |  |  |  |  |  |
| 6 | 補正 R2 | 0.780655 |  |  |  |  |  |  |  |
| 7 | 標準誤差 | 26.9961 |  |  |  |  |  |  |  |
| 8 | 観測数 | 14 |  |  |  |  |  |  |  |
| 9 |  |  |  |  |  |  |  |  |  |
| 10 | 分散分析表 |  |  |  |  |  |  |  |  |
| 11 |  | 自由度 | 変動 | 分散 | 測された分散 | 有意 F |  |  |  |
| 12 | 回帰 | 1 | 34447.96 | 34447.96 | 47.26737 | 1.71E-05 |  |  |  |
| 13 | 残差 | 12 | 8745.472 | 728.7894 |  |  |  |  |  |
| 14 | 合計 | 13 | 43193.43 |  |  |  |  |  |  |
| 15 |  |  |  |  |  |  |  |  |  |
| 16 |  | 係数 | 標準誤差 | t | P-値 | 下限 95% | 上限 95% | 下限 95.0% | 上限 95.0% |
| 17 | 切片 | -141.348 | 69.45369 | -2.03514 | 0.064541 | -292.675 | 9.978574 | -292.675 | 9.978574 |
| 18 | 最高気温 | 16.29626 | 2.370321 | 6.875127 | 1.71E-05 | 11.13177 | 21.46074 | 11.13177 | 21.46074 |

おっ、これが分析結果ですか？　なんか、表が３つも出てきてる！

こんなにあっさり分析できるんだ……！（感動）

３つの表のうち、一番下のものに注目してください。表の左側の「係数」欄に、183ページで出てきた回帰式の $a$ と $b$ の値が記載されています。

本当だ！

Excel によるアウトプットの見方が今日の授業の主眼ではないので、他の数値と残りの 2 つの表の説明はしません。それらの詳細を知らなくても現時点では困らないので、気にしないでください。

さて、回帰式を導き出して何が嬉しいかと言えば、$x$ にいろいろな値を代入して注文数 $y$ を予測できるのが嬉しいんです。

たとえば天気予報で明日の最高気温が 27 度なら、店長さんは回帰式の $x$ に 27 を代入すればいいわけです。すると「明日は 299 杯くらい売れそうだな」という予測が立つ。

$$16.3 \times 27 - 141.3 \approx 299$$

出た、ウニョウニョ記号！

あらためて言いますね。
回帰分析がどういうものかと言うと、「因」と「果」に相当すると思われる変数をひとつずつ用意し、それらの関係をうまく捉えた「回帰式」と呼ばれる $y=ax+b$ を求め、それを利用して $y$ の値を予測するための分析方法です。
ちなみに「傾き」にあたる $a$ のことを**「回帰係数」**と言います。

難しくないじゃないですか、回帰分析って。

## ⇨回帰式を求めるには、公式に代入するだけ！

せっかくですから、計算について少しだけ説明しておきましょう。

回帰式の $a$ と $b$ を具体的にどうやって求めるかなんですが、公式があります。「因」と「果」のデータと、それぞれの平均を代入するだけでいいんです。

$$\cdot\ a = \frac{S_{xy}}{S_{xx}} = \frac{(29-29.1)(357-333.6)+\cdots+(30-29.1)(386-333.6)}{(29-29.1)^2+\cdots+(30-29.1)^2} = 16.3$$

$$\cdot\ b = \bar{y} - \bar{x}a = 333.6 - 29.1 \times 16.3 = -141.3$$

パッと見は複雑ですけど、代入するだけだから、そうでもないかも。

$a$ の公式の分母である $S_{xx}$ は、$x$ の平方和です。分子の $S_{xy}$ は、$x$ と $y$ の積和です。

平方和も積和も、データの雰囲気のつかみ方の授業で出てきましたよね？

よく覚えていましたね。素晴らしい！

ちなみにいまは公式を示しただけであり、公式が導き出されるまでの過程は説明していません。興味のある方のために、その説明を本書の巻末（→ 228 ページ）に付録としてつけておきます。

## 回帰式はどうやって解釈する?

回帰式の解釈について説明します。

$$y = 16.3x - 141.3$$

$y$ ↑ アイスコーヒーの注文数

$x$ ↑ 最高気温

回帰係数である $a$ の値は 16.3 ですね。これが意味するのは、**最高気温が 1 度上がると注文数が 16.3 杯増える**ということです。

そうかあ。じゃあ $b$ の値はどう考えればいいんですか？ –141.3 ってことは……、**最高気温が 0 度の場合の注文数がマイナス 141 杯って、えっ、ありえないでしょ！**

回帰分析の対象であった2週間分のデータをあらためて見てください。最高気温の最小値は24度で最大値が34度です。

**この範囲から外れている、0度とか17度とか42度とかを$x$に代入しての予測は、おすすめできない行為なんです。**

どうしてですか？

**手元のデータにない、未知の世界だから**です。

なるほど……。

## 実測値、予測値、残差とは?

もともとのデータにおける$y$を統計学では**「実測値」**と言い、回帰式の$x$に任意の値を代入したものを**「予測値」**と言います。

「推定値」ではなく？

**「推定」は母集団について考えること**で、**「予測」は未来について考えること**です。

ふむふむ。

予測値を記号で示すと、こうです。

$$\hat{y} = 16.3x - 141.3$$

なんだかフランス語みたい（笑）。

あ、これは帽子を被っているみたいなので「ワイハット」と読みます。

そして、「$y-\hat{y}$」を、つまり実測値 $y$ と予測値 $\hat{y}$ のズレを**「残差」**と言い、$e$ と表記することが多いです。同じ記号を使っていますがネイピア数ではありませんので気をつけてください。

実測値 $y$ と予測値 $\hat{y}$ と残差 $e$ を確認してみましょう。

| | 最高気温（℃）<br>$x$ | 実測値（杯）<br>$y$ | 予測値（杯）<br>$\hat{y} = 16.3x - 141.3$ | 残差（杯）<br>$e = y - \hat{y}$ |
|---|---|---|---|---|
| 22日(月) | 29 | 357 | 331.2 | 25.8 |
| 23日(火) | 28 | 288 | 314.9 | -26.9 |
| 24日(水) | 34 | 420 | 412.7 | 7.3 |
| 25日(木) | 31 | 388 | 363.8 | 24.2 |
| 26日(金) | 25 | 272 | 266.1 | 5.9 |
| 27日(土) | 29 | 290 | 331.2 | -41.2 |
| 28日(日) | 32 | 364 | 380.1 | -16.1 |
| 29日(月) | 31 | 346 | 363.8 | -17.8 |
| 30日(火) | 24 | 272 | 249.8 | 22.2 |
| 31日(水) | 33 | 415 | 396.4 | 18.6 |
| 1日（木） | 25 | 238 | 266.1 | -28.1 |
| 2日（金） | 31 | 333 | 363.8 | -30.8 |
| 3日（土） | 26 | 301 | 282.4 | 18.6 |
| 4日（日） | 30 | 386 | 347.5 | 38.5 |
| 平均 | $\bar{x} = 29.1$ | $\bar{y} = 333.6$ | $\bar{\hat{y}} = 333.6 = \bar{y}$ | $\bar{e} = 0$ |
| 平方和 | $S_{xx} = 129.71$ | $S_{yy} = 43193.43$ | $S_{\hat{y}} = 34447.96$ | $S_e = 8745.47$ |

あれ？　実測値 $y$ と予測値 $\hat{y}$ の平均が同じですね。残差 $e$ の平均は 0 だし。

たまたまではなく、**回帰分析では必ずそうなる**んです。

へーっ。

実測値 $y$ と予測値 $\hat{y}$ のグラフを見てみましょう。横軸は日付で、縦軸はアイスコーヒーの注文数です。

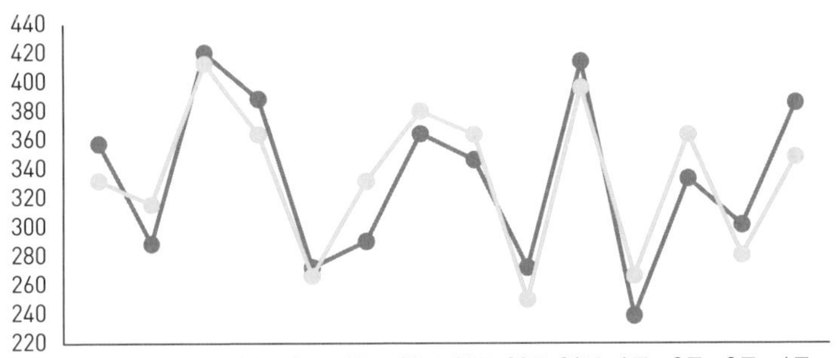

うおぉ、実測値 $y$ と予測値 $\hat{y}$ のズレが少ない。
っていうか、かなり似てる！

たしかに似てますね。ですから求められた回帰式を使っての予測は、それなりに信用できると思われます。

そういえば母集団の割合の推定をやったときに「信頼率 95％」みたいな話がありましたけど、回帰分析にもそういうのってあるんですか？

いい質問です。あるんです。
**「最高気温が★度の日の注文数は、信頼率 95％で、▲杯以上◆杯以下である」**という**「予測区間」**を算出できます。

予測区間？

はい。つまり回帰分析では、「最高気温が★度の日の注文数は、▲杯以上◆杯以下という範囲内におさまるだろう」という、幅をもたせた予測も可能なんです。信頼率 95％の予測区間を影で表現したグラフがこちらです。

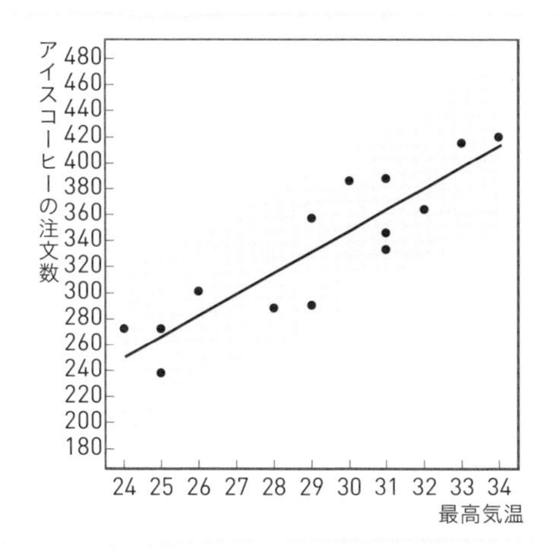

予測区間の幅って一定じゃないんですか？

一定ではありません。最高気温の平均である $\bar{x}$ から離れるほど幅が広がります。

へーっ。それで今回のケースだと、予測区間は具体的にどんな感じですか？

たとえば最高気温が 27 度の場合の予測区間は、信頼率 95％で、237 杯以上 361 杯以下です。

361−237 で、124 杯……ってなると、結構な幅ですね（汗）。

「不測の事態」も想定したうえで計算しているからです。
ちなみに予測区間の計算は簡単ではありません。現時点で重要なのは、具体的な計算方法よりも、**幅をもたせた予測も可能であるという事実**です。

と、ここまでが回帰分析の基本的な説明です。

意外とすんなり理解できました。先生が数学的な説明を省略してくれたおかげで（笑）。

## ➪決定係数とは？

ここから、やや数学的な話をします。実測値 $y$ と予測値 $\hat{y}$ の折れ線グラフから回帰式の精度を先ほど確認しましたが、実は精度を端的に示す指標があるんです。

**「決定係数」**というもので、$R^2$ という記号で表すのが一般的です。

ようするに、決定係数とやらの値が、分析がうまくいったかどうかの目安になると？

そうです。で、決定係数は、**「予測値 $\hat{y}$ の平方和 $S_{\hat{y}\hat{y}}$ を、実測値 $y$ の平方和 $S_{yy}$ で割ったもの」**です。

$$R^2 = \frac{S_{\hat{y}\hat{y}}}{S_{yy}}$$

最大値は１で最小値は０。１に近いほど回帰式の精度が高いと判断します。

この公式は、どこから出てきたんですか？

説明します。ゴチャゴチャしますが、難しい話ではありません。いまの例における実測値 $y$ の平方和 $S_{yy}$ は次のとおりです。

$$S_{yy} = (357-\bar{y})^2 + \cdots + (386-\bar{y})^2$$

計算過程は省略しますが、$S_{yy}$ は次のように変形できます。

$$\begin{aligned} S_{yy} &= (357-\bar{y})^2 + \cdots + (386-\bar{y})^2 \\ &= \{(331.2-\bar{\hat{y}})^2 + \cdots + (347.5-\bar{\hat{y}})^2\} + \{(25.8-\bar{e})^2 + \cdots + (38.5-\bar{e})^2\} \end{aligned}$$

2行目の第1項は予測値 $\hat{y}$ の平方和 $S_{\hat{y}\hat{y}}$ で、第2項は残差 $e$ の平方和 $S_e$ です。

式の理解に時間がかかるから、ちょっと待ってください……。あ、本当だ。

つまり、こういう関係が成立するわけです。

$$S_{yy} = S_{\hat{y}\hat{y}} + S_e$$

では、この式の両辺を $S_{yy}$ で割ってみましょう。

$$1 = \frac{S_{\hat{y}\hat{y}}}{S_{yy}} + \frac{S_e}{S_{yy}}$$

だんだん追いつけなくなってきました……。

あと少しです（笑）。
この右辺の第１項は「予測値 $\hat{y}$ の平方和を、実測値 $y$ の平方和で割ったもの」ですね。言いかえると**「実測値 $y$ の平方和に占める、予測値 $\hat{y}$ の平方和の割合」**。これが決定係数 $R^2$ です。

へー。

じゃあ第２項は何かというと、**「実測値 $y$ の平方和に占める、残差 $e$ の平方和の割合」**です。

そうか、決定係数 $R^2$ は割合だから、最小値が０で最大値が１なんですね。

そのとおりです。

決定係数 $R^2$ が１になるのって、どんなときですか？

残差 $e$ の平方和 $S_e$ が０のときです。

$S_e = 0$ ってことは……実測値 $y$ と予測値 $\hat{y}$ にズレが全くない？

そうです。分析対象のデータが完全に直線状に並んでいる状況。早い話が、$y$ の値の大小を左右する変数は $x$ しかない状況です。現実のデータで $R^2 = 1$ となることは、ありえないでしょうね。

じゃあ逆に決定係数 $R^2$ が０だと？

$y = 0 \times x + b$ という回帰式が導き出されます。

つまり？

$x$ は $y$ の値に全く影響を及ぼしていないという状況を $R^2 = 0$ は意味します。

$x$ と $y$ には因果関係がない？

そうです。それはつまり、$y$ の値の大小を左右する変数は $x$ ではないという意味ですから、その $x$ を選んでの分析は不適切だったということです。

なるほど。

このように考えてくると、**決定係数 $R^2$ は「$x$ が $y$ に及ぼしている影響力」**とも言えますね。

$$1 = R^2 + \frac{S_e}{S_{yy}}$$

$R^2$：$x$ が $y$ に及ぼしている影響力

$\frac{S_e}{S_{yy}}$：$x$ 以外の何かが $y$ に及ぼしている影響力

数多くの変数の中からわざわざ $x$ を選んで回帰分析をおこなうのですから、$x$ が $y$ に及ぼしている影響力である、決定係数 $R^2$ の値は大きいに越したことはありません。

決定係数 $R^2$ の値がこれくらいなら回帰式の精度が高いみたいな、統計学的な基準はあるんでしょうか？

ありません。

ないんですか !?

でも私なりの考えでは、$x$ の影響力がせめて半分はあってほしいので、0.5 がひとつの目安かなと思っています。

ちなみにアイスコーヒーの注文数と最高気温の例では、0.798。回帰式の精度は悪くないと思います。

でも、ものすごく 1 に近いとまでは言えませんよね。

常識的に考えて、アイスコーヒーの注文数に影響を及ぼしているのが最高気温だけだなんて、ありえないじゃないですか。だから 0.798 って、かなりすごいことですよ。

言いかえると、現実のデータで回帰分析をおこなったときに 0.8 とか 0.9 くらいになるなんてことは、私の経験からすると、なかなか考えにくいです。

ちなみに決定係数 $R^2$ の値は、Excel で求められます。Excel による先ほどの分析結果の、一番上の表を見てください。「重決定 R2」という欄がそれです。
なぜ Excel では決定係数を重決定と名づけているのか不明ですが、とにかく、この欄の数値が決定係数 $R^2$ です。

# 原則として避けたい、縦棒グラフ

データの集計結果を視覚化するにあたって、縦棒グラフで表現するのは気をつけたほうがいいです。

下図は、あるファミリーレストランによるアンケートの結果を、横棒グラフと縦棒グラフで表現したものです。

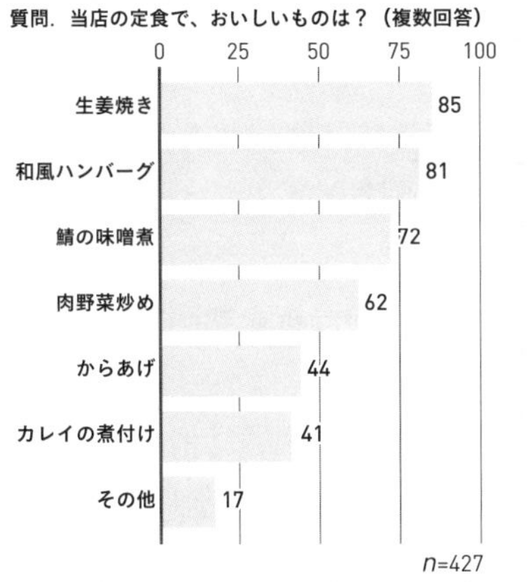


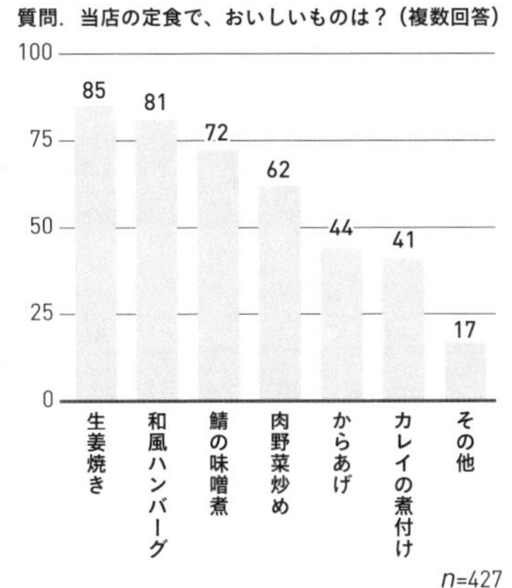


私たちは、長年にわたって教育を受けてきた結果、視点を左上から右下に移すことに慣れています。ですから横棒グラフの意味を瞬時に理解できます。なぜなら、目盛りの数値が左側(0)から右側（100）にかけて書かれていて、なおかつ選択肢名が左側に書かれていてすぐ視野に入るからです。

言いかえると、縦棒グラフだと、意味を理解するのに時間を要します。目盛りの数値が下側（0）から上側（100）にかけて書かれていて、なおかつ選択肢名が下側に書かれていてすぐ視野に入らないからです。

絶対にダメとは言いませんが、縦棒グラフによる表現はなるべく避けるのが無難でしょう。

LESSON 2 時間目

# 重回帰分析をマスターしよう！

**いよいよ本題の重回帰分析です。回帰分析が理解できていれば、重回帰分析も大丈夫！　こちらも、Excelを使って分析できます。**

## 重回帰分析は回帰分析の発展版

それでは、本日の本題である、重回帰分析を説明していきます。

回帰分析における $x$ は、つまり因果の「因」に相当する変数は、1つだけでした。**それが2つ以上の回帰分析が、「重回帰分析」**です。

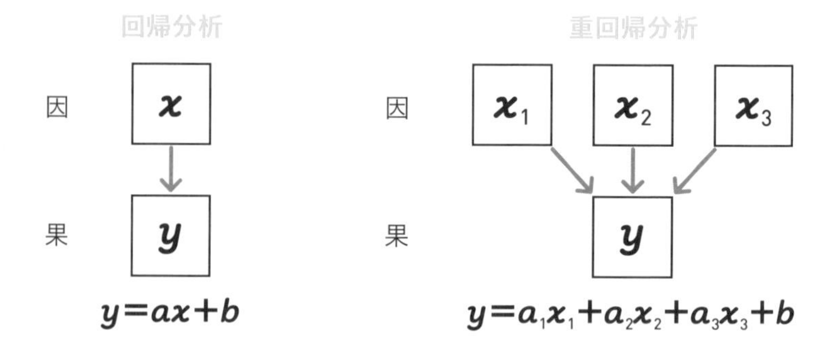

さて、ある喫茶店チェーンのデータをここに用意しました。56店舗分の「席数」「最寄り駅からの徒歩時間」「アルコール提供の有無」そして「昨年の売上高」が書かれています。

| | 席数<br>（席）<br>$x_1$ | 最寄り駅からの徒歩時間<br>（分）<br>$x_2$ | アルコールも提供<br>（1=yes）<br>$x_3$ | 売上高<br>（万円）<br>$y$ |
|---|---|---|---|---|
| **店 1** | 77 | 2 | 1 | 8830 |
| **店 2** | 61 | 6 | 1 | 7803 |
| **店 3** | 37 | 4 | 0 | 7978 |
| **店 4** | 54 | 9 | 1 | 8316 |
| **店 5** | 50 | 0.5 | 1 | 7631 |
| **店 6** | 53 | 6 | 0 | 7010 |
| **店 7** | 69 | 9.5 | 0 | 7295 |
| **店 8** | 67 | 7 | 0 | 7979 |
| **店 9** | 36 | 9.5 | 0 | 7749 |
| **店 10** | 74 | 3.5 | 0 | 8434 |
| **店 11** | 58 | 4 | 1 | 9736 |
| **店 12** | 77 | 7 | 1 | 9226 |
| **店 13** | 47 | 6.5 | 0 | 7235 |
| **店 14** | 41 | 3 | 0 | 8718 |
| **店 15** | 55 | 9.5 | 1 | 8374 |
| **店 16** | 50 | 4 | 0 | 7178 |
| **店 17** | 39 | 2 | 0 | 7800 |
| **店 18** | 62 | 4.5 | 0 | 9288 |
| **店 19** | 68 | 6 | 0 | 8378 |
| **店 20** | 41 | 7 | 1 | 7631 |
| **店 21** | 56 | 0.5 | 0 | 7521 |
| **店 22** | 61 | 2.5 | 1 | 9396 |
| **店 23** | 39 | 2 | 0 | 7461 |
| **店 24** | 49 | 4.5 | 0 | 9346 |
| **店 25** | 60 | 4 | 0 | 7689 |
| **店 26** | 62 | 4 | 1 | 9458 |
| **店 27** | 66 | 2 | 0 | 8602 |
| **店 28** | 50 | 5 | 1 | 7581 |
| **店 29** | 51 | 4.5 | 1 | 7405 |
| **店 30** | 58 | 1.5 | 1 | 9401 |
| **店 31** | 44 | 8 | 0 | 7859 |
| **店 32** | 70 | 6 | 0 | 7864 |
| **店 33** | 33 | 6.5 | 0 | 7182 |
| **店 34** | 65 | 8.5 | 0 | 8320 |
| **店 35** | 74 | 5.5 | 1 | 8545 |
| **店 36** | 55 | 4 | 0 | 7859 |
| **店 37** | 65 | 9 | 0 | 7915 |
| **店 38** | 37 | 2 | 1 | 8711 |
| **店 39** | 38 | 3.5 | 0 | 7347 |
| **店 40** | 65 | 1 | 0 | 8655 |
| **店 41** | 36 | 9 | 1 | 7410 |
| **店 42** | 78 | 6 | 1 | 8658 |
| **店 43** | 37 | 0.5 | 0 | 9853 |
| **店 44** | 78 | 1 | 0 | 9795 |
| **店 45** | 82 | 1.5 | 0 | 8881 |
| **店 46** | 66 | 1.5 | 0 | 7061 |
| **店 47** | 80 | 0.5 | 1 | 9685 |
| **店 48** | 52 | 8 | 1 | 8596 |
| **店 49** | 53 | 6 | 0 | 8771 |
| **店 50** | 74 | 3 | 0 | 7460 |
| **店 51** | 76 | 9 | 0 | 7289 |
| **店 52** | 52 | 6 | 0 | 8831 |
| **店 53** | 61 | 4 | 1 | 9629 |
| **店 54** | 68 | 5.5 | 0 | 7460 |
| **店 55** | 63 | 9 | 0 | 7978 |
| **店 56** | 69 | 4 | 0 | 9622 |
| **平均** | $\bar{x}_1=57.8$ | $\bar{x}_2=4.8$ | $\bar{x}_3=0.4$ | $\bar{y}=8280.1$ |

じゃあ、ここで予測するのは……今年の売上高？

そのとおり！　計算過程よりも結果に注目してほしいので説明は省略しますが、このデータを分析すると、**「重回帰式」**などと呼ばれる次のものが導き出されます。

$$y = 16.2x_1 - 95.8x_2 + 488.2x_3 + 7627.5$$

↑売上高　↑席数　↑最寄り駅からの徒歩時間　↑アルコールも提供

なんだか複雑ですね。

いえいえ、冷静にたしかめていけば難しくありません。この式が意味するのは……

- **席数が１つ増えると、売上が 16.2 万円増える。**
- **最寄り駅から１分遠くなると、売上が 95.8 万円減る。**
- **アルコールを提供する店舗は、提供しない店舗に比べて売上が 488.2 万円多い。**

おお、そんなことがわかるとは！

$x_3$ は 2 値のカテゴリカルデータであることに気をつけてください。

0 か 1 だけってことですよね！

そうです。

さっきの回帰分析は Excel でできましたけど、重回帰分析もできるんですか？

できます。回帰分析と同様に、まず「データ」タブを選択して、次に「分析」欄の「データ分析」を選択して、そして「回帰分析」を選びます。

えっ、選択するのは「重回帰分析」じゃないんですか？

ええ、「回帰分析」でいいんです。そもそも「重回帰分析」という選択肢は用意されていません。

「入力 Y 範囲」欄に「売上高」のデータを指定します。「入力 X 範囲」欄に「席数」「最寄り駅からの徒歩時間」「アルコールも提供」の 3 列分のデータを指定します。「ラベル」にチェックを入れたら、他は気にしないで OK ボタンを押してください。

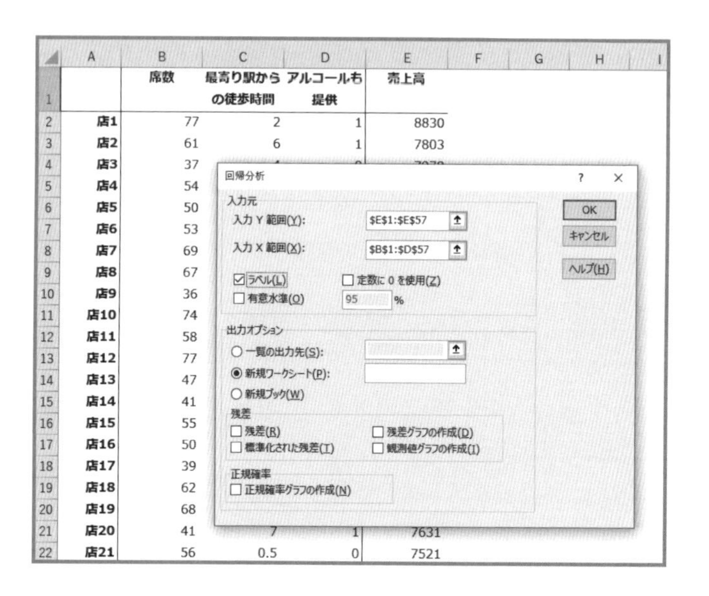

こんなにサクッと分析できるだなんて超便利……！

ところで重回帰式の精度の確認はどうやって？

回帰分析と同じく、決定係数 $R^2$ です。計算の考え方も同じです。ただし、回帰分析のときの決定係数は「$x$ が $y$ に及ぼしている影響力」を意味しましたが、いまの例の重回帰分析では「$x_1$ と $x_2$ と $x_3$ が $y$ に及ぼしている影響力」を意味します。
いまの例の決定係数 $R^2$ を計算してみましょう。

$$R^2 = \frac{S_{\hat{y}\hat{y}}}{S_{yy}}$$
$$= \frac{10120975.3}{38511512.6}$$
$$= 0.263$$

0.263！　ずいぶん小さいですね。

実測値 $y$ と予測値 $\hat{y}$ のグラフを見てみましょうか。

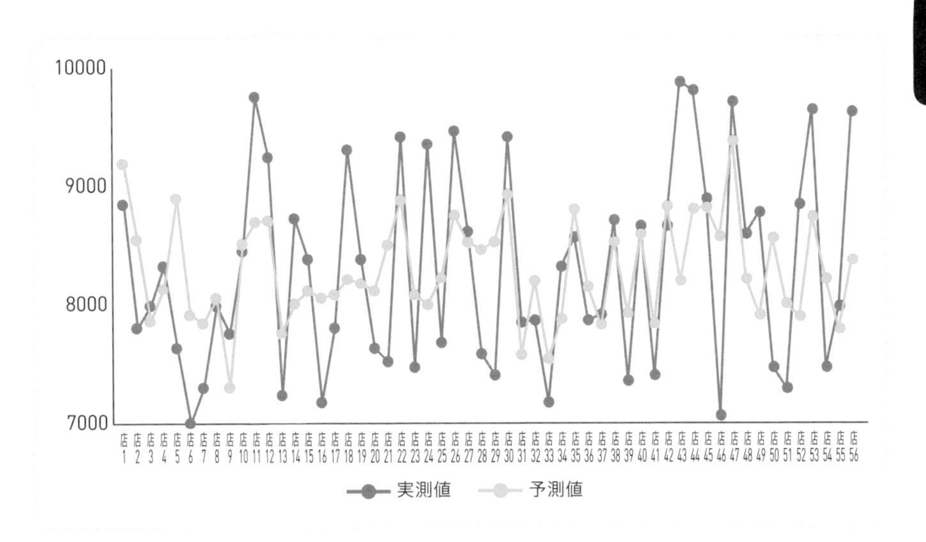


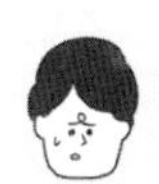

全然似ていないっていうか、予測値外れまくっていますよね？　これって。

**決定係数 $R^2$ の値が小さめだと実測値 $y$ と予測値 $\hat{y}$ は似ていない**、この事実をしっかり記憶しておいてください。

せっかく重回帰式を求めたのですから、新規に出店する店舗の売上高をためしに予測してみましょう。条件は、「席数は 75」「最寄り駅からの徒歩時間は 2 分」「アルコール提供はあり」です。

$$\hat{y} = 16.2 \times 75 - 95.8 \times 2 + 488.2 \times 1 + 7627.5$$
$$\approx 9142$$

約 9142 万円。でもこの予測値って、決定係数 $R^2$ の値と折れ線グラフから考えると……。

あまり信用できないでしょうね。

となると……**予測区間の出番ですか？**

いいところに気がつきました。重回帰分析でも予測区間を求められます。

いまの例の予測区間は、信頼率 95％で、**7592 万円以上 1 億 693 万円以下**です。

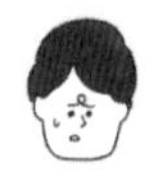

最大値と最小値の差が 3100 万円くらいかあ。

それって……どうなんですかね。

この差を大きいと感じるか小さいと感じるかは人それぞれでしょうけど、決して小さくないと私は思います。うまくいけば 1 億円を超える売上高が見込めるけど、そうじゃないと 7600 万円ですからね。

こんなときって、どう対処すればいいんですか？

パッと思いつく方法は、決定係数 $R^2$ の値がもっと大きくなりそうな変数を探し出して再分析することです。

そうなりますよね。

正攻法です。ただし……。

ただし？

あまり期待できません。というのも、「他にあるとしたら、あの変数かな？」とすぐに思いつくくらいなら、最初からその変数を含めて分析していたはずだからです。

「コンセントの数」「喫煙席の有無」「交通量」「競合の有無」なんて含めて分析したら、いい結果が出そうだけどなあ。

ほう、アイデア豊富で素晴らしいですね。重回帰分析はExcelで手軽にできるのですから、いろいろな変数でどんどん分析してみればいいんです。

いっそのこと、$y$に影響を及ぼしているような気のする変数を集めるだけ集めてきて、それを数学的に絞り込めたらいいのに……。

鋭い。実は、そういう方法があるんです。

**なんでそれを早く教えてくれないんですか！**

世の中はそんなに単純ではありません。その方法を使ったら高精度の重回帰式がおもしろいように導き出されるかといったら、そんなわけがありません。

そりゃそうか……。そうだ、いいことを考えました。データサイエンティストに分析を頼むってのはどうでしょう？

たしかに彼らなら、重回帰分析ではない分析手法を駆使するなどして、より高精度の予測値を求めてくれるかもしれません。経済的な余裕があるなら、ぜひ彼らに委ねてみてください。

でも、それで物事が簡単に解決するなら、世界中のどの企業の業績も絶好調でしょうし、倒産する企業は世の中にひとつもないのではないでしょうか。

データサイエンティストに依頼するのは意味がないと？

そうではありません。「過度の期待はしないほうがいい」ということです。

## そもそもデータサイエンティストってなにやってるんですか？

分析の恐るべき天才がデータをじっと眺めて、「よし、この方法でいこう！」と閃くみたいな世界ではありません。

クライアントと打ち合わせて分析の目的をはっきりさせたり、目的に合った分析手法を模索したり、データに異常な値が紛れていないかどうかを分析にあたって調べたりと、着実に歩んでいく感じです。

ふーん、けっこう泥臭いんですね。

気をつけてほしいのですが、データの分析を外部に頼んでも、優れた結果を必ず出してもらえる保証はありません。**むしろ悪い意味で衝撃を受ける可能性さえあります。**

どういうことですか？

56店舗からなる先ほどの喫茶店チェーンが、高精度な重回帰式の導出を委託したとします。その結果である重回帰式に「最寄り駅からの徒歩時間」が含まれていなかったら、どう思いますか？

素人考えですけど、決定係数 $R^2$ の値がそこそこ大きかったとしても、自分が社長だったら納得いかない気がします。

ですよね。売り上げを語るうえで「最寄り駅からの徒歩時間」が喫茶店業界の常識であったとしても、分析を頼まれた側がそれを知っているとはかぎりません。分析前の打ち合わせが不十分だと、いまのような悲劇が生じます。
**データ分析の会社は、分析のプロではありますが、さまざまなビジネスの細部に通じているわけではない**のです。

## ⇨統計学は魔法のような学問ではない

回帰分析と重回帰分析が仕事に使えそうだと思って最初は興奮したけど、現実のデータで高精度の式を導き出すのは難しそうな気がしてきて、残念です。

**その事実を知ることが最大の学びなのです。**統計学を使えば真実に近づける。それは嘘ではありませんが、実際のところはそんなにうまくいきません。
統計学は、森羅万象を明らかにできる、**魔法のような学問ではない**のです。

そのようですね。

ただし重回帰分析にかぎっていうと、「導き出された重回帰式は信用できそうにないが、それでも重回帰式を信用する」という選択肢は捨てないほうがいいです。

どういう意味ですか？

ようするに、「導き出された重回帰式による予測値は、ちっとも当たらないかもしれない。でも、今後どう行動すべきかという議論の参考材料にはなるので、重回帰式の存在をなかったことにするのは惜しい」という意味です。

つまり？

**地震の予測みたいなものだと思えばいい**のです。
たとえば「東海地震はそのうち起こるだろう」と私が生まれたころには言われていたように記憶していますが、いまだに起こっていません。じゃあ地震の予測は無益かといったら、そんなことはないですよね。

頼れるものが他にないからやむをえないと？

はい。そういえば、重回帰式による予測と言えば、忘れられない思い出があります。

小売店の新店舗の売り上げ予測をたびたび任されている会社の人から実際に聞いたのですが、いつも予測値は外れるそうです。しかも、かなり。

ぇぇ!?　じゃあ、その小売店は、なんで分析を任せているんでしょうね。

新店舗を建てるには、資金調達とか社内の合意形成とかが必要です。「売り上げの見通しは立ちません。オープンしてみないとわかりません」では許されませんよね。

当然です。

未来の売り上げを正確に予測できるわけがないのは、重回帰分析などの統計学的知識があろうとなかろうと、みんなもわかっている。わかっているけど、そこで思考を停止してしまったら、話が進まなくなるし、関係する人々の説得もできない。そこで「導き出された重回帰式は信用できそうにないが、それでも重回帰式を信用する」んです。

なるほど。それにしても、予測値が何度も外れまくったら、普通は分析依頼の声がかからなくなると思うんですが……？？？

先ほどの人の話によると、売り上げを予測するだけでは済まさず、新店舗のオープン後に出向いていろいろとお手伝いするそうです。

もしかして、売り上げを少しでも予測値に近づけるために？(笑)

すると「おお、君の会社はそこまでしてくれるのか！」とクライアントも感動するから、しばらくすると、また分析を任されるわけです。

日本っていい国ですね〜（笑）。

いい国ですねと言えば、もしどこかの国の教育担当大臣が「国力をあげるには子どもに本をたくさん読ませるべきだ」とブチ上げて、小中高の図書館に莫大な税金を費やそうとしたら、どう思います？

ちょっと危険な香りがしますね。

ちょっとどころか、かなりヤバいですよ。なにがヤバいって、「本をたくさん読ませる→国力が上がる」という仮説は**まるっきり大臣の思いつきであり裏付けが全くないことが、です。**

そもそも「国力」の具体的な意味が不明ですよね。「国力」じゃなくて「学力」なら、まだ理解できるんですけど。いや、よく考えると、「学力」の意味もあいまいか……。

この、「本をたくさん読ませる→国力が上がる」のように、確証に基づかず、偉い人の思いつきで物事が決まってしまう場面は少なくありません。しかも本当に効果があったかどうかの検証もおろそか

だったりします。

そういうのをやめてちゃんとしましょう、データで実証しましょう、そんなときに、重回帰分析をはじめとする統計学の知識が役立ちます。

もし、せっかくデータを集めて分析したのに、結果の精度が低かったら？

たしかにそういう場合もあるでしょう。いえ、むしろそういう場合のほうがおそらく多いでしょう。

でも論考の起点であるデータは手元にあるわけですから、他者が違う分析手法で料理したり、みんなで相談したり、そういったことが大なり小なり可能です。未来に向けて、よほど建設的な議論ができます。

この、**データに基づいて物事を考えるという感覚を、少しでも多くの人に身につけていただきたい**ものです。

たしかに偉い人の思いつきは論外だと思うんですけど、経験から得られたベテラン社員の直感みたいなものは価値があるんじゃないですか。

もちろんです。でも、良く言えば閃きですけど厳しく言えばそれも単なる思いつきですから、鵜呑みにせず、データでの実証を忘れないでください。

わかりました。

ということで、授業を終わります。

ありがとうございました！

# 7日目の授業でわかったこと

- 「回帰分析」は、「因」と「果」に相当すると思われる変数を1つずつ用意し、それらの関係をうまく捉えた「回帰式」と呼ばれる
$y = ax + b$ を求め、それを利用して $y$ の値を予測するための分析方法である。

- 「重回帰分析」は、「因」に相当する変数が2つ以上の回帰分析である。

- 回帰分析と重回帰分析では、1つの値でなく、「▲以上◆以下という範囲内におさまるだろう」という、幅をもたせた予測も可能である。

- 「決定係数」は、回帰式と重回帰式の精度を表す指標である。$R^2$ と表記する。

- 統計学は、森羅万象を明らかにできる、魔法のような学問ではない。

- データに基づいて物事を考えるという感覚を身につけるべし。

# 補講

# 統計的仮説検定ってなに!?

補講

# 統計的仮説検定ってなに!?

これですべての授業が終了！　と思ったら、高橋先生はあとひとつ、伝えたいことがあるらしく……。

## すべて終了！ の前に……

いやー、本当に勉強になったなぁ。
先生、このあと1杯いきますか？

郷さん、あと30分だけいいですか？

え？　いいですけど。

ごく簡単にですが、補講として、**「統計的仮説検定」**を説明しておきたいと思いまして。

統計的仮説検定ってたしか、初日の授業で少し出てきましたね。

はい。統計的仮説検定は、統計学の代表的な分析手法です。入門書のトリをつとめるのはだいたいこれですし、学術論文などでも頻繁に使われています。

そんな統計的仮説検定をあえて補講扱いにする心は？

理由は３つあって、まず、数学的に難しいから。
次に、それだけ高いハードルを乗り越えたところで、**分析結果がパッとしないから。**

えっ!?

そして最後の理由は、研究職ではない人にとって、あまり用事のないものだからです。

ビジネスパーソンは使わない？

まあ、使わないでしょうね。
でもデータリテラシーの１つとして勉強するのは有益です。統計的仮説検定の結果を見て、それが何を意味するのか理解できるくらいの知識はあったほうがいいと思います。

ですから今回は、リテラシーレベルの向上を目標として説明を進めます。

わかりました。

## 仮説が正しいかを推論する

統計的仮説検定をひと言で表現すると、**「母集団について分析者が立てた仮説が正しいかどうかを推論する分析手法」**です。

たとえば？

「東京都の私大に在籍する下宿生と福岡県の私大に在籍する下宿生の、1カ月の仕送り額の平均には違いがあるのでは？」。このような仮説が正しいかどうかを標本のデータから推論するんです。
ちなみに統計的仮説検定には、「母平均の差の検定」とか「一元配置分散分析」とか「独立性の検定」とか、たくさん種類があります。

どうやって使い分けるんですか？

立てた仮説に応じて、です。で、統計的仮説検定は、先ほど言ったように数学的には難しいんですけど、手順と目的はすごく単純なんです。
手順は２つのステップからなります。

① **統計的仮説検定の種類ごとに定められている公式に標本のデータを代入し、１つの値に変換する。**

| | 変数１ | 変数２ | … |
|---|---|---|---|
| 鳥越さん | 17 | 90 | … |
| 木村さん | 15 | 48 | … |
| ⋮ | ⋮ | ⋮ | ⋮ |

代入

5.28

② 「①で変換された値」と比較すべき「基準」が定められているので、それら２つのうちのどちらが大きいかを確認する。基準のほうが小さければ「対立仮説は正しい」と結論づけて、基準のほうが大きければ「帰無仮説は誤っているとは言えない」と結論づける。

| 対立仮説は正しい | 帰無仮説は誤っているとは言えない |
|---|---|

②における二者択一をすること、それが統計的仮説検定の目的なんです。

ほうほう。ところで「帰無仮説は誤っているとは言えない」って、ようするに二重否定だから、「帰無仮説は正しい」ってことじゃないんですか？

違います。強いて表現すると、「帰無仮説は、正しいかもしれないし、正しくないかもしれない。なんとも言えない」です。

**超あいまい（笑）。**
そもそも「帰無仮説」と「対立仮説」ってなんですか？

説明しますね。統計的仮説検定の種類に応じて、帰無仮説と対立仮説は学術的にあらかじめ決められています。

たとえば「東京都と大阪府と福岡県の私大に在籍する下宿生の、1カ月の仕送り額の平均には違いがあるのでは？」という仮説が正しいかどうかを推論したければ、「一元配置分散分析」という統計的仮説検定が適しています。

一元配置分散分析における帰無仮説と対立仮説は、この例で言うと、次のとおりです。

| 帰無仮説 | 3つの母集団の平均は等しい |
|---|---|
| 対立仮説 | 『3つの母集団の平均は等しい』ではない |

えーっと……基準のほうが小さければ、「対立仮説は正しい」だから、「『3つの母集団の平均は等しい』ではない」と。ようするに母集団の平均は異なると。

基準のほうが大きければ、「帰無仮説は誤っているとは言えない」だから、「3つの母集団の平均は等しい」という仮説は正しいかもしれないし正しくないかもしれないと。
ややこしいですね!?

脱線した話をちょっとだけ。
統計的仮説検定をきちんと勉強していくと、**「*P* 値（ピーち）」**という概念がたびたび出てきます。厳密さを無視して大胆に説明するなら、*P* 値が 0.05 より小さければ「対立仮説は正しい」と結論づけて、0.05 より大きければ「帰無仮説は誤っているとは言えない」と結論づけます。

ちなみに初日の授業に出てきた「$P < 0.05$」（→ 20 ページ）の「*P*」が、*P* 値のことです。

さて話を戻します。一元配置分散分析はExcelでできます。先ほど挙げた、東京都と大阪府と福岡県の仕送り額の例を分析してみましょう。標本は5人ずつで、合計15人からなります。

| 東京都 | 大阪府 | 福岡県 |
|---|---|---|
| 8.6 | 6.9 | 6.9 |
| 8.7 | 7.4 | 7.8 |
| 9.5 | 7.3 | 8.2 |
| 9.9 | 7.5 | 8.3 |
| 10.2 | 9.1 | 9.7 |

Excelによる一元配置分散分析は簡単です。先ほど説明した回帰分析と同様に、「データ」タブを選択し、「分析」欄の「データ分析」を選ぶんです。

ふむふむ。

「分散分析：一元配置」を選択してください。

はい、選びました。

「入力範囲」欄にデータを指定します。「先頭行をラベルとして使用」にチェックを入れたら、他は気にしないでOKボタンを押します。

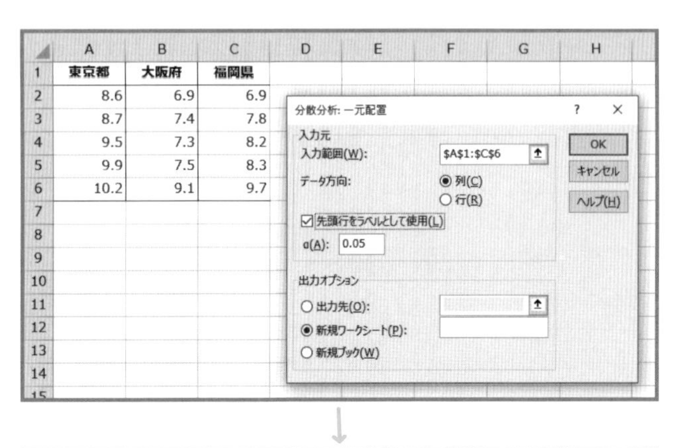

| | A | B | C |
|---|---|---|---|
| 1 | 東京都 | 大阪府 | 福岡県 |
| 2 | 8.6 | 6.9 | 6.9 |
| 3 | 8.7 | 7.4 | 7.8 |
| 4 | 9.5 | 7.3 | 8.2 |
| 5 | 9.9 | 7.5 | 8.3 |
| 6 | 10.2 | 9.1 | 9.7 |



↓

| | A | B | C | D | E | F | G |
|---|---|---|---|---|---|---|---|
| 1 | 分散分析: 一元配置 | | | | | | |
| 2 | | | | | | | |
| 3 | 概要 | | | | | | |
| 4 | グループ | データの個数 | 合計 | 平均 | 分散 | | |
| 5 | 東京都 | 5 | 46.9 | 9.38 | 0.507 | | |
| 6 | 大阪府 | 5 | 38.2 | 7.64 | 0.718 | | |
| 7 | 福岡県 | 5 | 40.9 | 8.18 | 1.027 | | |
| 8 | | | | | | | |
| 9 | | | | | | | |
| 10 | 分散分析表 | | | | | | |
| 11 | 変動要因 | 変動 | 自由度 | 分散 | 則された分散 | P-値 | F 境界値 |
| 12 | グループ間 | 7.932 | 2 | 3.966 | 5.283304 | 0.022609 | 3.885294 |
| 13 | グループ内 | 9.008 | 12 | 0.750667 | | | |
| 14 | | | | | | | |
| 15 | 合計 | 16.94 | 14 | | | | |

おお、Excel って優秀！

2つの表のうち、下のほうに注目してください。「5.2833…」とあるのが、標本のデータを公式に代入した値です。それと大きさを比較すべき基準は「3.8852…」です。
基準のほうが小さいので、「対立仮説は正しい」と、つまり「『3つの母集団の平均は等しい』ではない」と結論づけられます。

へ―――っ。母集団についての分析がこんなに簡単にできるなんて、**統計的仮説検定めっちゃ便利**じゃないですか。

たしかに一見すると便利です。
しかし、です。「『3つの母集団の平均は等しい』ではない」と結論づけられましたけど、どの母集団の平均が最も大きいとか小さいとか、詳細な情報は得られていませんよね。

言われてみれば……。

先ほど「統計的仮説検定の分析結果はパッとしない」と言ったのはここなんです。さらに言うと、一元配置分散分析の**帰無仮説である「3つの母集団の平均は等しい」が現実の世の中で成立しているわけがないのは、常識的に考えて、一元配置分散分析をやろうとやるまいと明白**ですよね。

それちょっと気になってました！　だいたい等しいってことならあるかもしれないけど、3つの母集団の平均が完全に等しいだなんてありえないって。
じゃあ、統計的仮説検定って何のためにあるんですか？

**母集団の状況について言及するために**、です。

ああそうか。標本を集計しただけでは標本のことしか言えませんからね。なるほどなるほどぉ……。

……それで先生、あのー、えー、お話ってまだ続きます？

いえ、ちょうどこれで、おしまいです。

ああよかった。それじゃあ、1杯いきましょう（笑）。

# おわりに

この「おわりに」を読んでいるということは、本書を見事に読破しましたね。おつかれさまでした！

統計学は、勉強しようと思えばいくらでも勉強できる、奥の深い学問です。だからと言ってあれもこれもと本書に詰め込んで、せっかく統計学に関心を抱いたみなさんが息切れしたり投げ出したりしてしまうようなことがあってはいけません。そこで、これらを知っているだけでも世の中がかなり違って見えてくるはずだという事柄に絞って説明するよう努めました。

1日目の授業で私は、「中高でつまずいて社会人になったあとも数学から距離を置いてきたような人が、いまから統計学をゼロから学んで、さまざまな分析手法を駆使してデータを料理できるようになったりするのは無理である」と断言しました。我ながら、さすがに言いすぎです。

個人的な話で恐縮ですが、おつきあいください。私は、中学2年生のたしか5月ごろでなかったかと記憶していますが、比較的に重めの虫垂炎を患いました。2週間ほど学校を休んだため、退院後の授業についていけなくなりました。しかも反抗期であったことが災いし、追いつこうと努力するどころか、ほとんど勉強をしなくなりました。

そうしているうちに中学3年生の1学期末の数学のテストでかなりひどい点数を取り、これでは自分の将来が危ないのでないかと不安を覚え、それを契機に勉強を始めました。ちなみにその時点の私には、たとえば、

$$8\times(-5)^2 \quad と \quad 8\times(-5^2)$$

の違いがわかりませんでした。こんな私でも統計学をどうにか理解でき

るようになって現在に至っています。

本書をきっかけとして、

- **テレビ番組の視聴率は具体的にどのように計算されているのだろうか？**
- **感染症について、$\frac{\text{検査を受けた人のうちで陽性だった人の数}}{\text{検査を受けた人の数}}$ でなく、その分子である「検査を受けた人のうちで陽性だった人の数」だけを報道するのは変じゃないか？ たとえば $\frac{7}{10}$ と $\frac{7}{10000}$ とでは大違いじゃないか！**

といったぐあいに、日常のちょっとした物事に目を向けてみてください。それとともに「統計学をもっともっと勉強してみよう！」という意欲に燃えてもらえたなら、これほどうれしいことはありません。

2020年8月
高橋 信

本書で扱ったデータを、すべてではありませんが、Excelのファイルにまとめました。たとえば201ページの重回帰分析用のデータを自力で入力するのは骨が折れますし時間も無駄になってしまいますので、ぜひ、このファイルをご活用ください。以下のURLからダウンロードできます。
https://kanki-pub.co.jp/pages/bunkeitoukei/

# 付録 回帰式の導出

187ページで述べたように、

$$y=ax+b$$

という回帰式における $a$ と $b$ の公式は、

- $a=\frac{S_{xy}}{S_{xx}}$
- $b=\overline{y}-\overline{x}a$

です。$a$ の分母である $S_{xx}$ は、$x$ の平方和です。分子である $S_{xy}$ は、$x$ と $y$ の積和です。

$a$ と $b$ の公式が導かれるまでの過程をこれから説明します。なお今後の説明には、**平方完成**と呼ばれる、中学校あたりで学んだはずの、以下に示す式の変形が何度か出てきます。

$$\begin{aligned}Ax^2-2Bx+C&=A\left\{x^2-2\left(\frac{B}{A}\right)x\right\}+C\\&=A\left\{x^2-2\left(\frac{B}{A}\right)x+\left(\frac{B}{A}\right)^2-\left(\frac{B}{A}\right)^2\right\}+C\\&=A\left\{\left(x-\frac{B}{A}\right)^2-\left(\frac{B}{A}\right)^2\right\}+C\\&=A\left(x-\frac{B}{A}\right)^2-A\left(\frac{B}{A}\right)^2+C\end{aligned}$$

## 1.導出

紙面の大きさの都合上、本編の「7日目」とは異なる、下表のデータを使って説明します。

| | $x$ | $y$ |
|---|---|---|
| α | 5 | 13 |
| β | 7 | 17 |
| γ | 11 | 19 |
| **合計** | 23 | 49 |
| **平均** | $\bar{x}=\frac{23}{3}$ | $\bar{y}=\frac{49}{3}$ |

回帰式における $a$ と $b$ の公式は、以下に記す STEP1 から STEP3 までの手順で導かれます。

### STEP1 下表に記した計算をおこなう。

| | $x$ | 実測値 $y$ | 予測値 $\hat{y}=ax+b$ | 残差 $y-\hat{y}$ | 残差の2乗 $(y-\hat{y})^2$ |
|---|---|---|---|---|---|
| α | 5 | 13 | $a\times5+b$ | $13-(a\times5+b)$ | $\{13-(5a+b)\}^2$ |
| β | 7 | 17 | $a\times7+b$ | $17-(a\times7+b)$ | $\{17-(7a+b)\}^2$ |
| γ | 11 | 19 | $a\times11+b$ | $19-(a\times11+b)$ | $\{19-(11a+b)\}^2$ |
| **合計** | 23 | 49 | $23a+3b$ | $49-(23a+3b)$ | $S_e$ |
| **平均** | $\bar{x}=\frac{23}{3}$ | $\bar{y}=\frac{49}{3}$ | $\frac{23a+3b}{3}=\bar{x}a+b$ | $\frac{49-(23a+3b)}{3}=\bar{y}-(\bar{x}a+b)$ | $\frac{S_e}{3}$ |

$$S_e=\{13-(5a+b)\}^2+\{17-(7a+b)\}^2+\{19-(11a+b)\}^2$$

※回帰分析では、**最小2乗法**という理屈に基づき、$S_e$ が最小になる $a$ と $b$ からなる直線を回帰式と定義します。

## STEP2 $S_e$をbについて平方完成し、$S_e$が最小になるbを求める。

$S_e$は、先述したように、

$$S_e=\{13-(5a+b)\}^2+\{17-(7a+b)\}^2+\{19-(11a+b)\}^2$$

である。$S_e$の第１項である$\{13-(5a+b)\}^2$を整理すると、

$$\begin{aligned}\{13-(5a+b)\}^2&=13^2-2\times13\times(5a+b)+(5a+b)^2\\&=13^2-2\times13\times5a-2\times13\times b+(5a)^2+2\times5a\times b+b^2\\&=b^2-2(13-5a)b+(5a)^2-2\times5\times13a+13^2\end{aligned}$$

である。同様に第２項と第３項を整理すると、

- $\{17-(7a+b)\}^2=b^2-2(17-7a)b+(7a)^2-2\times7\times17a+17^2$
- $\{19-(11a+b)\}^2=b^2-2(19-11a)b+(11a)^2-2\times11\times19a+19^2$

である。したがって、それら３項の和である、$S_e$は次のように整理できる。

$$S_e=3b^2-2(13-5a+17-7a+19-11a)b$$
$$+(5^2+7^2+11^2)a^2-2(5\times13+7\times17+11\times19)a+13^2+17^2+19^2$$
$$=3b^2-2(49-23a)b+C$$
$$=3\{b^2-2(\frac{49-23a}{3})b\}+C$$
$$=3\{b^2-2(\overline{y}-\overline{x}a)b\}+C$$
$$=3\{(b-(\overline{y}-\overline{x}a))^2-(\overline{y}-\overline{x}a)^2\}+C$$
$$=3(b-(\overline{y}-\overline{x}a))^2-3(\overline{y}-\overline{x}a)^2+C$$

ひとつ上の行の第３項から第７項までは $b$ と無関係なので $C$ と記号化しました。
$$C=(5^2+7^2+11^2)a^2-2(5\times13+7\times17+11\times19)a+13^2+17^2+19^2$$

したがって $S_e$ が最小になる $b$ は、

$$b=\overline{y}-\overline{x}a$$

である。

## STEP3　STEP2で整理した$S_e$を$a$について平方完成し、$S_e$が最小になる$a$を求める。

STEP2 の段階における $S_e$ の最小値は、
$$S_e=-3(\overline{y}-\overline{x}a)^2+C$$
であった。これは以下のように整理できる。

$$S_e=-3(\overline{y}-\overline{x}a)^2+C$$
$$=-3\{(\overline{y})^2-2\times\overline{y}\times\overline{x}a+(\overline{x}a)^2\}+C$$
$$=-3(\overline{y})^2+6\overline{x}\,\overline{y}a-3(\overline{x}a)^2$$
$$+(5^2+7^2+11^2)a^2-2(5\times13+7\times17+11\times19)a+13^2+17^2+19^2$$
$$=(5^2+7^2+11^2-3(\overline{x})^2)a^2-2(5\times13+7\times17+11\times19-3\overline{x}\,\overline{y})a$$
$$+13^2+17^2+19^2-3(\overline{y})^2$$

■第1項の整理

$$5^2+7^2+11^2-3(\overline{x})^2=5^2+7^2+11^2-3\left(\frac{5+7+11}{3}\right)^2$$

$$=5^2+7^2+11^2-\frac{(5+7+11)^2}{3}$$

$$=(5-\overline{x})^2+(7-\overline{x})^2+(11-\overline{x})^2$$

$$=S_{xx}$$

114ページで説明した変形

■第2項の整理

$$5\times13+7\times17+11\times19-3\overline{x}\overline{y}$$

$$=5\times13+7\times17+11\times19-3\overline{x}\overline{y}-3\overline{x}\overline{y}+3\overline{x}\overline{y}$$

$$=5\times13+7\times17+11\times19-3\left(\frac{5+7+11}{3}\right)\overline{y}-3\overline{x}\left(\frac{13+17+19}{3}\right)+3\overline{x}\overline{y}$$

$$=5\times13+7\times17+11\times19-(5+7+11)\overline{y}-\overline{x}(13+17+19)+\overline{x}\overline{y}+\overline{x}\overline{y}+\overline{x}\overline{y}$$

$$=(5\times13-5\overline{y}-13\overline{x}+\overline{x}\overline{y})+(7\times17-7\overline{y}-17\overline{x}+\overline{x}\overline{y})+(11\times19-11\overline{y}-19\overline{x}+\overline{x}\overline{y})$$

$$=(5-\overline{x})(13-\overline{y})+(7-\overline{x})(17-\overline{y})+(11-\overline{x})(19-\overline{y})$$

$$=S_{xy}$$

■第3～6項の整理

$$13^2+17^2+19^2-3(\overline{y})^2=13^2+17^2+19^2-3\left(\frac{13+17+19}{3}\right)^2$$

$$=13^2+17^2+19^2-\frac{(13+17+19)^2}{3}$$

$$=(13-\overline{y})^2+(17-\overline{y})^2+(19-\overline{y})^2$$

$$=S_{yy}$$

114ページで説明した変形

つまり $S_e$ を整理すると、

$$S_e = S_{xx}a^2 - 2S_{xy}a + S_{yy}$$

である。さらに次のように整理できる。

$$\begin{aligned}
S_e &= S_{xx}a^2 - 2S_{xy}a + S_{yy} \\
&= S_{xx}\left\{a^2 - 2\left(\frac{S_{xy}}{S_{xx}}\right)a\right\} + S_{yy} \\
&= S_{xx}\left\{\left(a - \frac{S_{xy}}{S_{xx}}\right)^2 - \left(\frac{S_{xy}}{S_{xx}}\right)^2\right\} + S_{yy} \\
&= S_{xx}\left(a - \frac{S_{xy}}{S_{xx}}\right)^2 - S_{xx}\left(\frac{S_{xy}}{S_{xx}}\right)^2 + S_{yy}
\end{aligned}$$

したがって $S_e$ が最小になる $a$ は、

$$a = \frac{S_{xy}}{S_{xx}}$$

である。

前節のSTEP3からわかるように、$S_e$ の最終的な最小値は、

$$S_e = -S_{xx}\left(\frac{S_{xy}}{S_{xx}}\right)^2 + S_{yy}$$

です。移項すると、

$$S_{yy} = S_{xx}\left(\frac{S_{xy}}{S_{xx}}\right)^2 + S_e$$

です。右辺の第1項は、

233ページより、$\frac{S_{xy}}{S_{xx}} = a$

$$\begin{aligned}
S_{xx}\left(\frac{S_{xy}}{S_{xx}}\right)^2 &= S_{xx}a^2 \\
&= \{(5-\overline{x})^2 + (7-\overline{x})^2 + (11-\overline{x})^2\}a^2 \\
&= (5-\overline{x})^2 a^2 + (7-\overline{x})^2 a^2 + (11-\overline{x})^2 a^2 \\
&= \{(5-\overline{x})a\}^2 + \{(7-\overline{x})a\}^2 + \{(11-\overline{x})a\}^2 \\
&= \{(5a+\overline{y}-\overline{x}a)-\overline{y}\}^2 + \{(7a+\overline{y}-\overline{x}a)-\overline{y}\}^2 + \{(11a+\overline{y}-\overline{x}a)-\overline{y}\}^2 \\
&= \{(5a+b)-\overline{y}\}^2 + \{(7a+b)-\overline{y}\}^2 + \{(11a+b)-\overline{y}\}^2 \\
&= \{(5a+b)-\overline{\hat{y}}\}^2 + \{(7a+b)-\overline{\hat{y}}\}^2 + \{(11a+b)-\overline{\hat{y}}\}^2 \\
&= S_{\hat{y}\hat{y}}
\end{aligned}$$

231ページより、$\overline{y} - \overline{x}a = b$

$$\overline{y} = \overline{x}a + (\overline{y} - \overline{x}a) = \overline{x}a + b = \frac{23}{3}a + b = \frac{(5a+b)+(7a+b)+(11a+b)}{3} = \overline{\hat{y}}$$

と書き替えられます。したがって、

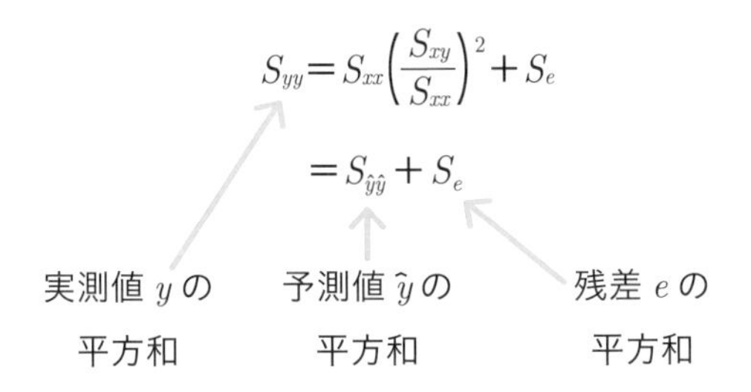


です。この両辺を $S_{yy}$ で割ると、

$$\begin{aligned} 1 &= \frac{S_{\hat{y}\hat{y}} + S_e}{S_{yy}} \\ &= \frac{S_{\hat{y}\hat{y}}}{S_{yy}} + \frac{S_e}{S_{yy}} \end{aligned}$$

です。右辺の第１項である $\frac{S_{\hat{y}\hat{y}}}{S_{yy}}$ が、つまり「実測値 $y$ の平方和に占める、予測値 $\hat{y}$ の平方和の割合」が、194 ページで説明した**決定係数**です。$R^2$ という記号で表記するのが一般的です。話をまとめると、

$$\begin{aligned} R^2 &= \frac{S_{\hat{y}\hat{y}}}{S_{yy}} \\ &= 1 - \frac{S_e}{S_{yy}} \end{aligned}$$

です。

なお重回帰分析では、決定係数のみならず、**自由度調整済み決定係数**と呼ばれる、

$$R^{*2} = 1 - \frac{\left(\dfrac{S_e}{\text{個体の個数} - x_i\text{の個数} - 1}\right)}{\left(\dfrac{S_{yy}}{\text{個体の個数} - 1}\right)}$$

というものの値も参照する場合が少なくありません。なぜなら決定係数には、$x_i$ の個数が多いほど値が大きくなってしまうという性質があるからです。

【著者紹介】

**高橋 信**（たかはし・しん）

◉――1972年新潟県生まれ。九州芸術工科大学（現・九州大学）大学院芸術工学研究科情報伝達専攻修了。民間企業でデータ分析業務やセミナー講師業務などに従事した後、大学非常勤講師や非常勤研究員などを務めた。現在は、著述家として活動する傍ら、企業や大学などでの講演活動にも精力的に取り組んでいる。

◉――学生時代に、誰からも頼まれていないのに、そして誰にも見せる予定がないのに、中学生と高校生に向けた数学教材を制作していた。

◉――主要な著書に『マンガでわかる統計学』『マンガでわかるベイズ統計学』『マンガでわかる線形代数』（いずれもオーム社）がある。同書はスウェーデン語やイタリア語、ロシア語などに翻訳されてもいる。

http://www.takahashishin.jp/

【聞き手】

**郷 和貴**（ごう・かずき）

◉――1976年生まれ。自他ともに認める文系人間。数学は中学時代につまずき、高校で本格的に挫折した。数字にめっぽう弱く、それっぽいデータに毎回だまされがち。育児をしながら、月に１冊本を書くブックライターとして活躍中。

◉――著書に『東大の先生！ 文系の私に超わかりやすく数学を教えてください！』『東大の先生！ 文系の私に超わかりやすく高校の数学を教えてください！』（聞き手。西成活裕著。小社刊）、『プログラミングをわが子に教えられるようになる本』（フォレスト出版）などがある。

**データ分析の先生！**
**文系の私に超わかりやすく統計学を教えてください！**

---

2020年９月１日　第１刷発行
2024年９月２日　第５刷発行

---

著　者――高橋　信
発行者――齊藤　龍男
発行所――株式会社かんき出版
東京都千代田区麴町4-1-4 西脇ビル　〒102-0083
電話　営業部：03(3262)8011㈹　編集部：03(3262)8012㈹
FAX　03(3234)4421　振替　00100-2-62304
https://www.kanki-pub.co.jp/

印刷所――新津印刷株式会社

---

　ISBN978-4-7612-7505-1 C0041